黑果枸杞栽培及病虫害防治技术

主　编：郭剑兵

副主编：伊红德　冉　秦　马志国

参　编：纳国庆　柴林云　李小红

陈　芳　余梦琦　王亚妮

高鹏飞　曹瑞奇　陈　洁

马　佳

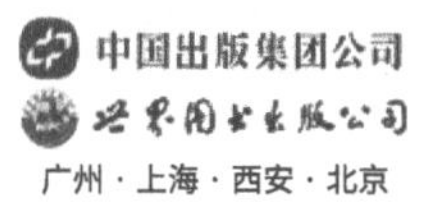

广州 · 上海 · 西安 · 北京

图书在版编目（CIP）数据

黑果枸杞栽培及病虫害防治技术 / 郭剑兵主编．--
广州 : 世界图书出版广东有限公司, 2021.6
ISBN 978-7-5192-8647-7

Ⅰ．①黑… Ⅱ．①郭… Ⅲ．①枸杞－栽培技术②枸杞－
病虫害防治 Ⅳ．①S567.1②S435.671

中国版本图书馆CIP数据核字（2021）第110940号

书　　名　黑果枸杞栽培及病虫害防治技术
　　　　　HEIGUO GOUQI ZAIPEI JI BINGCHONGHAI FANGZHI JISHU
主　　编　郭剑兵
责任编辑　曹桔方
装帧设计　梁　凉
责任技编　刘上锦
出版发行　世界图书出版有限公司　世界图书出版广东有限公司
地　　址　广州市新港西路大江冲25号
邮　　编　510300
电　　话　020-84460408
网　　址　http://www.gdst.com.cn
邮　　箱　wpc.gdst@163.com
经　　销　各地新华书店
印　　刷　广州小明数码快印有限公司
开　　本　710mm×1000 mm　1/16
印　　张　10
字　　数　180千字
版　　次　2021年6月第1版　2021年6月第1次印刷
国际书号　ISBN 978-7-5192-8647-7
定　　价　39.80元

咨询、投稿：020-84460408　gdstcjf@126.com

目　录

第一章 概述

第一节　枸杞栽培历史

枸杞是世界上人工驯化栽培较早的果树种类之一。枸杞的栽培经历了野生利用—人工驯化—集约化栽培—规范化栽培四个阶段。

枸杞的野生利用阶段大约在春秋以前，也就是公元前6世纪之前。甲骨卜辞中用“黍、稷、麦、稻、杞”等反映殷商时期农业生产的内容颇多。成书于公元前11世纪—公元前6世纪的《诗经》中七处记载了关于枸杞生产的情景描述：《国风·将仲子》中“无折我树杞”表明枸杞已经作为一种具有特殊性的树种被予以保护；《小雅·四牡》“翩翩者雕，载飞载止，集于苞杞”则间接说明枸杞分布较多且集中；《小雅·杕杜》和《小雅·北山》的“陟彼北山，言采其杞”则记录了采收枸杞的劳动场景；《小雅·四月》“山有蕨薇，隰有杞桋”和《小雅·南山有台》“南山有杞，北山有李，……南山有枸，北山有楰”等则反映了枸杞的生长区域；《小雅·湛露》“湛湛露斯，在彼杞棘。显允君子，莫不令德”则是通过以枸杞比兴，颂扬君子高贵的身份、显赫的地位、敦厚的美德和英武潇洒的气质，这也充分说明了枸杞在当时人们心中占有崇高的地位。

枸杞的人工驯化阶段应早于唐朝。关于人类何时将枸杞由野生开始驯化，目前尚无准确的文献考证。但是自唐朝以后，大量的文献表明该阶段枸杞人工栽培技术趋于成熟。唐代孙思邈《千金翼方·种造药第六》“种枸杞法”记录了四种种枸杞法，唐代郭橐驼《种树书》记录了枸杞扦插繁殖技术。唐代陆龟蒙《杞菊赋》中称“春苗恣肥，日得以采撷之，以供左右杯案。及夏五月，枝叶老硬，气味苦涩……”，宋朝吴怿在《种艺必用》中介绍了枸杞种植法：“秋冬间收子，于水盆中挼取，曝干。春，熟地做畦，畦中去土五寸，勾作垄。垄之中覆草稕，如臂长，与畦等，即以泥涂草稕上。以枸杞子布于泥上，即以细土盖，令遍。又以烂牛粪一重，土一重，令畦平。待苗出，水浇之，堪吃便剪。兼可以插种。”

元代《农桑辑要》中指出三月可以进行苗木移栽，同时提到在三伏天进行压条繁殖，植株生长得特别茂盛。

在明朝弘治年以前，枸杞虽有种植，但规模不是很大，自明朝弘治十四年（1501年）被列为朝廷贡品后，种植面积才有所发展。《嘉靖宁夏新志》“辟园生产”和《乾隆中卫县志》“宁安一带家种杞园，各省入药枸杞皆宁产也”的记载，充分说明了在明清时期，枸杞在宁夏已经开始了大规模种植，并逐步形成了宁夏枸杞道地产区。

枸杞的集约化栽培阶段始于20世纪60年代，成熟于80年代后期。中华人民共和国成立初期，随着挖掘整理中医药工作的进一步开展，枸杞地位的重要性得到了提高，宁夏的科技工作者对传统的枸杞栽培技术进行改进，改变了传统分散栽培模式和高大树冠树型，采用大冠矮干和大行距的栽培模式，引入农业机械化作业，提高了管理效率，降低了劳动成本，实现了枸杞联片、集约化的种植栽培格局。

枸杞的规范化栽培阶段始于20世纪末期。进入20世纪90年代，随着科技的进步和市场对产品质量要求的不断提高，枸杞科技工作者按照枸杞产品质量“安全、有效、稳定、可控”的技术要求，从枸杞品种、苗木繁育、规范建园、整形修剪、配方施肥、节水灌溉、病虫防治、适时采收、鲜果制干、拣选分级、储藏包装、档案管理等生产环节进行规范，形成了枸杞规范化种植技术体系，并在全国枸杞产区推广应用示范。在该阶段，枸杞的生产技术随着市场要求不断改进，经历了1999—2003年的无公害生产、2002—2008年绿色生产和2006年至今有机枸杞生产三个历程。

综观枸杞栽培历史，从古代文献考证，说明我国枸杞栽培历史悠久，资源丰富，同时也说明枸杞栽培技术已经有很高的水平。应当说，其人工种植“早于唐，兴于宋，盛于明清，发展于当代”。据史料记载，上至皇帝御用养生、下至百姓良药配方，枸杞采摘、食用已有四千年的历史。由于我国地域比较辽阔，各地都有自己的方言，所以枸杞的称呼也各有不同，血杞子、明目子、茨果子等，都是枸杞的别名。查阅史书发现，各个时期不同朝代对于枸杞的相关记载始于原始社会，一直到殷商时代、汉唐时期、近现代。枸杞的人工栽种历史，从明朝中叶开始，已经有六百多年了，在此之前，枸杞都是以野生形态存在的。

宁夏是枸杞原产地，栽培枸杞已有500多年的历史，而中宁枸杞则是宁夏枸杞中的上品。中宁枸杞之所以闻名天下，其一得益于当地适于枸杞生长的土壤和昼夜温差大的气候；其二是利用黄河水与含有各种矿物质的清水河、苦水河混灌。其特定条件决定了中宁枸杞的与众不同，中宁枸杞色艳、粒大、皮薄、肉厚、籽少、甘甜，品质超群，是唯一被载入《中华人民共和国药典》（简称《中国药典》）的枸杞品种，国家将宁夏定为全国唯一的药用枸杞产地，引入全国十大药材生产基地之一。明代杰出医药学家李时珍所著《本草纲目》中，将宁夏枸杞列为本经上品，称“全国入药杞子，皆宁产也”，意思是宁夏枸杞从药效和营养价值上来讲是国内应用最广泛的。

第二节　国内枸杞栽培概况

枸杞作为我国传统的中药材，同时又是防风固沙和改良盐碱地的先锋树种，具备生态、经济、社会三位一体的显著效益。自20世纪60年代后期，通过广泛引种栽培，逐步形成了宁夏、内蒙古、新疆、河北、湖北、青海、西藏等枸杞种植区，同时也辐射到东北三省、华中、华南等地区。随着气候条件的变化和栽培技术的改进，枸杞的道地产区范围有所扩大，由原来传统的宁夏中宁产区扩展到“以宁夏为道地产区的核心区，内蒙古、陕（陕西）甘（甘肃）青（青海）新（新疆）为两翼的大枸杞产区”，并制定了《枸杞》（GB/T 18672–2014）、《枸杞栽培技术规程》（GB/T 19116–2003）、《地理标志产品 宁夏枸杞》（GB/T 19742–2008）三个国家标准。

1. 宁夏

宁夏作为枸杞的道地产区，已有500余年的栽培历史，所产枸杞称为“西枸杞”。原产地中宁于1961年被国务院确定为枸杞生产基地县，1995年被国务院命名为“中国枸杞之乡”。宁夏拥有专业的研究机构和科技队伍，目前已形成了

"以卫宁平原老产区为主体，清水河流域和贺兰山东麓为两翼"的54万亩（1亩≈667平方米）的种植布局。经过近50年的总结、研究与开发，获得了各类科技成果64项、专利122项，开发、加工产品6类50余种，从事枸杞加工企业80多个。宁夏已成为全国，乃至全世界枸杞生产、研究、开发、经营的中心。

2. 内蒙古

内蒙古种植枸杞始于20世纪60年代的杭锦后旗，随后逐渐拓展到托县、伊克昭盟、乌拉特前旗、达拉特旗等地区。截至2008年，全自治区种植面积达20余万亩，种植品种多样，种质类型较为丰富，其中宁杞1号、大麻叶、小麻叶和当地自然选优的蒙杞1号、蒙杞2号居多。

3. 新疆

新疆种植枸杞始于20世纪60年代。该地区枸杞种质资源类型较多，种植品种以宁杞1号和当地自然选优的精杞1号、精杞2号为主。受地理、气候因子的影响，果实多呈球形或椭球形。新疆的枸杞种植面积约30万亩，主要种植区集中在博尔塔拉州精河县，该县种植面积达7.5万亩。1998年该县被国家农业部命名为"中国枸杞之乡"。新疆精河县林业局于2005年8月组建了"枸杞开发中心"，形成了一支专门从事枸杞技术推广的科技队伍。新疆有自己的加工产品，例如枸杞酒、枸杞茶、枸杞果汁、枸杞花粉冲剂等，干果产品主要流向中国台湾、东南亚。

4. 河北

河北也是一个较为传统的枸杞种植区。解放前枸杞种植区集中在静海县（1961年6月，划归天津）和青县，所产枸杞称为"津枸杞"。20世纪60年代后期，枸杞产区逐步向巨鹿、衡水、石家庄地区转移，其中巨鹿被称为"河北枸杞之乡"。目前，主栽枸杞品种为北方枸杞和宁杞1号，另外还有少量的枸杞（*Lycium chinense* Mill.）。由于北方枸杞枝条较软，当地采取人工搭架的方式栽培。当地无霜期较长，一年有两季生产。干果产品流向本地药材市场，加工产品主要有枸杞饮料和枸杞晶冲剂。

5. 青海

青海种植宁夏枸杞始于20世纪60年代，主要集中在柴达木盆地的诺木洪农场，当地称为"柴杞"，近年引种宁杞1号较多，栽培方式粗放。受当地冷凉的气候影响，枸杞成熟期较长，果实颗粒大而丰满，籽少肉厚。

6. 湖北

湖北种植宁夏枸杞始于20世纪80年代，主要集中在湖北麻城，种植品种以宁杞1号为主，兼有当地选育的8832、杂8732、87 004、87 069等品系。产品有枸杞汁、口服液、枸杞醋、酒等。

7. 西藏

西藏于21世纪初期，通过宁夏与西藏的科技合作项目引种成功，在拉萨、林芝等地区少量种植，目前正在极力打造“喜马拉雅枸杞”品牌。受高原辐射影响，枸杞老枝条呈棕红色。

第三节　国外枸杞栽培概况

国外枸杞栽培数量和规模不是很大。据史料考证，宁夏枸杞于清乾隆五至八年（1740—1743年）传入法国和地中海沿岸一带进行栽培，后逸生为野生，如捷克布拉提斯拉瓦的摩拉瓦河边（此河流入东西德的大平原后注入北海）有生长茂密的枸杞；匈牙利布达佩斯“自由纪念碑”的周围一带有枸杞的大群落；从罗马尼亚的布加勒斯特、多瑙河肥沃的奥尔特地带一直到塞尔维亚的贝尔格勒，以及在布加勒斯特要塞，尤其在多瑙河和萨瓦河汇合处山峰的斜面有枸杞形成的大群落。

日本和韩国是继中国之后对枸杞进行利用、栽培较早的国家。日本栽培枸杞是在唐朝以后，其通过两国文化交流认识到枸杞的医疗保健功效，开始在一些药圃中作为药材种植。目前日本秋田县、静冈县、德岛县有人工栽培，在德岛县尚有被指定为模范农场的枸杞园，栽培面积约3000坪（9917 m^2）。在日本的本州、九州野生许多枸杞（*Lycium chinense* Mill.）和宁夏枸杞（*Lycium barbarum* L.）。

朝鲜半岛也分布有许多野生枸杞资源。受传统中医学影响，枸杞在韩国国民中享有很高的地位。1992年在忠南成立了国立枸杞专业研究机构——枸杞子试验站，相继开展了枸杞的引种保存、品种选育，以及配套栽培研究。韩国种植枸杞面积约有278 hm^2，主要产区集中在韩国东南地区忠南道，面积128 hm^2，年产量200万千克，枸杞干果平均市场售价折合人民币约180元/千克。韩国枸杞种植采用120 cm × 50 cm的定植模式，在树型培养方面，采用单主干，株高90 cm，枸杞结果枝条着生于顶部。因韩国多雨，为防止枸杞裂果和黑果病，枸杞多栽种于温室之内。韩国种植的枸杞为茄科枸杞，属中国枸杞（*Lycium Chinense* L.）的变种。

第二章　枸杞的品种及分布

第一节　枸杞的特性

一、枸杞生物学特性

枸杞属植物通常为有棘刺或稀无刺的灌木。单叶互生或因侧枝极度缩短而数枚簇生，条状圆柱形或扁平，全缘，有叶柄或近于无柄。花有梗，单生于叶腋或簇生于极度缩短的侧枝上；花萼钟状，具不等大的2—5萼齿或裂片，在花蕾中镊合状排列，花后不甚增大，宿存；花冠漏斗状、稀筒状或近钟状，檐部5裂或稀4裂，裂片在花蕾中覆瓦状排列，基部有显著的耳片或耳片不明显，筒常在喉部扩大；雄蕊5，着生于花冠筒的中部或中部之下，伸出或不伸出于花冠，花丝基部稍上处有一圈绒毛或无毛，花药长椭圆形，药室平行，纵缝裂开；子房2室，花柱丝状，柱头2浅裂，胚珠多数或少数。浆果，具肉质的果皮。种子多数或由于不发育仅有少数，扁平，种皮骨质，密布网纹状凹穴；胚弯曲成大于半圆的环，位于周边，子叶半圆棒状。我国产7种3变种，主要分布于北部。

二、生长习性

枸杞喜冷凉气候，耐寒力很强。当气温稳定在7 ℃左右时，种子即可萌发，幼苗可抵抗-3 ℃低温。春季气温在6 ℃以上时，春芽开始萌动。枸杞在-25 ℃越冬无冻害。枸杞根系发达，抗旱能力强，在干旱荒漠地区仍能生长。但生产上为获高产，仍需保证水分供给，特别是花果期，必须有充足的水分。长期积水的低洼地对枸杞生长不利，甚至会引起烂根或死亡。

光照充足，则枸杞枝条生长健壮，花果多，果粒大，产量高，品质好。枸杞多生长在碱性土和砂质壤土，最适合在土层深厚、肥沃的壤土上栽培。

第二节　枸杞的品种与分类

枸杞，系茄科（Solanaceae），茄族（Solaneae Reichb.），枸杞亚族（Lycium L.）。全世界枸杞属植物约有80种。宁夏枸杞别名为茨、枸杞、中宁枸杞、枸杞子、血杞子、西枸杞、津枸杞等。宁夏枸杞分为麻叶类，包括大麻叶、小麻叶、麻叶、宁杞1号；圆果类，包括圆果、小圆果、尖头圆果；黄果类，包括大黄果、小黄果及黄叶枸杞、白条枸杞、卷叶枸杞、紫柄枸杞等近20个品种。

与枸杞（*Lycium chinense* Mill.）相关的种如下：

黄果枸杞（变种）（*Lycium barbarum* L.var.*auranticarpum* K.F.Ching var.nov.）

宁夏枸杞（原变种）（*Lycium barbarum* L.var.*barbarum*.）

枸杞（原变种）（*Lycium chinense* Mill.var.*chinense*）

北方枸杞（变种）[*Lycium chinense* Mill.var.*potaninii*（Pojark.）A.M.Lu]

柱筒枸杞（*Lycium cylindricum* Kuang）

新疆枸杞（*Lycium dasystemum* Pojark.）

新疆枸杞（原变种）（*Lycium dasystemum* Pojark.var.*dasystemum*）

红枝枸杞（变种）（*Lycium dasystemum* Pojark.var.*rubricaulium* A.M.Lu var. nov.）

黑果枸杞（*Lycium ruthenicum* Murr.）

截萼枸杞（*Lycium truncatum* Y.C.Wang）

云南枸杞（*Lycium yunnanense* Kuang）

按照树型划分一般大致可分硬条型、软条型和半软条型三种。

硬条型：枝条短而硬直，平展或斜伸，枝长一般20—40 cm。树干上针刺多，结果枝也长许多针刺。这些特点使树体外观架形坚挺，当地茨农（茨农：种植枸杞的农民）称这一类枸杞为“硬架茨”。主要品种有白条枸杞和卷叶枸杞等。

软条型：枝条长而软，几乎垂直于地。枝长一般为50—80 cm，枝条上的针刺数量不一。这些特点使树型在外观上呈柔软姿态，当地茨农称这一类枸杞为“软条茨”。主要品种有尖头黄叶枸杞、圆头枸杞、圆头黄叶枸杞和尖头圆果枸杞等。

半软条型：枝条的形状和长度介于硬条型、软条型之间，一般呈弧垂状，长35—55 cm，枝条针刺少，结果枝粗壮。主要品种有小麻叶枸杞、大麻叶枸杞（包括新品种宁杞1号和宁杞2号）、圆果枸杞和黄果枸杞等。

按果型则主要是根据果长与果径的比值大小来区分，比值大于2的划分为长果类，比值小于2的划分为短果类，比值小于1的划分为圆果类。

长果类：果身长达2 cm以上，近似于圆柱型或棱柱型。一般是两端尖，有的是先端圆。果长一般为果径的2—2.5倍。

短果类：果型与长果类相似，但果身略短。先端钝尖或平或微凹。果长一般为果径的1.5—2倍。这一类枸杞果色黄，因此兼有黄果类之称。

圆果类：果身圆形或卵圆形，先端圆形或具短尖。果长一般为果径的1—1.5倍。

枸杞的种类较多，下一节着重介绍宁夏枸杞。

第三节　宁夏枸杞及其主要特点

一、宁夏枸杞概述

宁夏枸杞为灌木，或栽培因人工整枝而成大灌木，高0.8—2 m，栽培者茎粗直径达10—20 cm；分枝细密，野生时多开展而略斜升或弓曲，栽培时小枝弓曲而树冠多呈圆形，有纵棱纹，灰白色或灰黄色，无毛而微有光泽，有不生叶的短棘刺和生叶、花的长棘刺。叶互生或簇生，披针形或长椭圆状披针形，顶端短渐尖或急尖，基部楔形，长2—3 cm，宽4—6 mm，栽培时长达12 cm，宽1.5—2 cm，略带肉质，叶脉不明显。

花在长枝上1—2朵生于叶腋，在短枝上2—6朵同叶簇生；花梗长1—2 cm，向顶端渐增粗。花萼钟状，长4—5 mm，通常2中裂，裂片有小尖头或顶端有2—3齿裂；花冠漏斗状，紫堇色，筒部长8—10 mm，自下部向上渐扩大，明显长于檐部裂片，裂片长5—6 mm，卵形，顶端圆钝，基部有耳，边缘无缘毛，花开放时平展；雄蕊的花丝基部稍上处及花冠筒内壁生一圈密绒毛；花柱像雄蕊一样由于花冠裂片平展而稍伸出花冠。

浆果红色或在栽培类型中也有橙色，果皮肉质，多汁液，形状及大小由于经长期人工培育或植株年龄、生境的不同而多变，广椭圆状、矩圆状、卵状或近球状，顶端有短尖头或平截、有时稍凹陷，长8—20 mm，直径5—10 mm。种子常20余粒，略呈肾脏形，扁压，棕黄色，长约2 mm。花果期较长，一般从5月到10月边开花边结果，采摘果实时成熟一批采摘一批。

人们日常食用和药用的枸杞子多为宁夏枸杞的果实“枸杞子”，宁夏枸杞是唯一载入《中国药典》（2020年版）的品种。

宁夏枸杞在中国栽培面积最大，主要分布在中国西北地区，而其他地区常见的为中华枸杞及其变种。2004年，宁夏枸杞经国家质量监督检验检疫总局公告，获得国家地理标志产品保护。在宁夏枸杞主产区中宁县，农民们习惯称呼枸杞为“茨”，茨即蒺藜。这是由于野生枸杞与蒺藜相似，常被误采当作柴来烧，久而久之民间便把“茨”当作枸杞的俗名了。枸杞园被称为茨园，枸杞树称为茨树，枸杞枝称为茨条，盛产枸杞的中宁则被称为茨乡。但是，在药材领域里，枸杞即枸杞子，不用茨果、茨实等称谓。

二、宁夏枸杞的独有特点

外地枸杞与宁夏枸杞在鉴定时容易发生错误，宁夏枸杞的叶通常为披针形或长椭圆状披针形；花萼通常为2中裂，裂片顶端常有胼胝质小尖头或每裂片顶端有2—3小齿；花冠筒明显长于檐部裂片，裂片边缘无缘毛；果实甜，无苦味；种子较小，长约2 mm。而外地枸杞的叶通常为卵形、卵状菱形、长椭圆形或卵状披针形；花萼通常为3裂，有时为不规则4—5齿裂；花冠筒部短于或近等于檐部裂片，裂片边缘有缘毛；果实甜而后味带微苦；种子较大，长约3 mm。

从形状上辨别：枸杞子自古以宁夏枸杞为道地药材，药用价值最高。宁夏枸杞尖处大多有小白点，且覆盖面积可以达到85%，而外地枸杞没有这个特点。宁夏枸杞放入水中90%不下沉，无论泡茶、煲汤等，都是漂浮在水面的。

从气味上辨别：对于被硫磺熏蒸过的枸杞，只需要抓一把用双手捂一阵之后，再放到鼻子底下闻，就可闻到刺激的呛味。

从口味上辨别：宁夏枸杞是甘甜的，吃起来特别甜，但是吃完后嗓子里有一丝苦味；而内蒙古、新疆等地的枸杞甜得有些腻，白矾泡过的枸杞咀嚼起来会有白矾的苦味，至于硫磺熏蒸过的枸杞，味道呈酸、涩、苦感。

第四节　枸杞的生态分布

中华枸杞：主要分布于中国东北、河北、山西、陕西、甘肃南部以及西南、华中、华南和华东各省区；朝鲜、日本，欧洲有栽培或逸为野生。常生于山坡、荒地、丘陵地、盐碱地、路旁及村边宅旁。在我国除普遍野生外，各地也有作药用、蔬菜或绿化栽培。

宁夏枸杞：是由中国西北地区的野生枸杞演化的，现有的栽培品种仍可以在适宜的条件下野生。我国早期的药用枸杞就是西北地区野生枸杞的产品，在秦汉时期的医药书籍中已经有药用枸杞的记载。唐初著名医学家孙思邈在《千金翼方》中称，枸杞以“甘州（今甘肃省张掖一带）者为真，叶厚大者是”。北宋科学家沈括在《梦溪笔谈》中记载：“西枸杞，陕西极边生者，高丈余，甘美异于他处者。”

有一些枸杞属（*Lycium*）的其他种类也经常被当地称作枸杞，如云南枸杞

（*Lycium yunnanense* Kuang）或柱筒枸杞（*Lycium cylindricum* Kuang）等地方性枸杞种类。但由于分布范围狭窄，不易看见，所以使用更广泛的还是中华枸杞或宁夏枸杞。而且根据这两种枸杞的分布特点，也可对其所属种类做简单判断，即如果在中国东部、中部、南部地区发现，基本为中华枸杞或其变种；如果在西北地区发现，基本为宁夏枸杞或其变种。

第三章　枸杞的主要价值

第一节 药用价值

枸杞果实在中药中称为枸杞子，枸杞子具有养肝、滋肾润肺、补虚益精、清热明目等药用功能。枸杞的营养成分丰富，是营养较为全面的天然原料。枸杞子中含有大量的蛋白质、氨基酸、维生素和铁、锌、磷、钙等人体必需的营养成分，有促进和调节免疫功能、保肝和抗衰老三大药理作用，具有不可代替的药用价值。

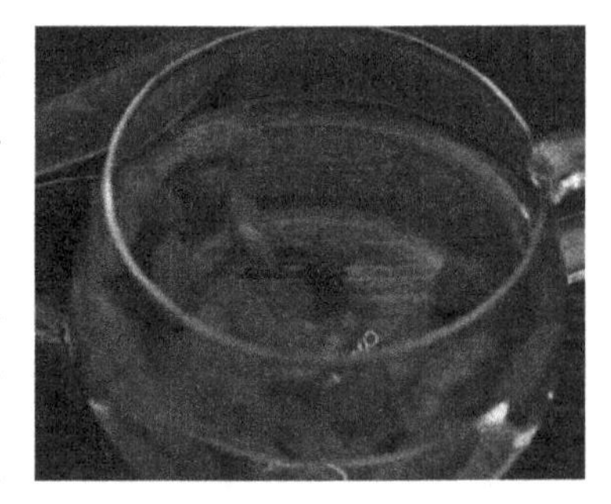

枸杞多糖：枸杞多糖是一种水溶性多糖，是枸杞中最主要的活性成分，相对分子质量为68—200，是国内外研究热点，且以枸杞多糖的免疫调节和抗肿瘤作用的研究最多。现已有很多研究表明枸杞多糖具有促进免疫、抗衰老、抗肿瘤、清除自由基、抗疲劳、抗辐射、保肝、保护和改善生殖功能等作用；能促进腹腔巨噬细胞的吞噬能力，对人体具有改善新陈代谢、调节内分泌、促进蛋白合成、加速肝脏解毒和受损肝细胞的修复，抑制胆固醇和甘油三酯的功能，并且对肝脏的脂质过氧化损伤有明显的保护和修复作用。

甜菜碱：化学名称为三甲基甘氨酸内酯，化学结构与氨基酸相似，属于季胺碱类物质。甜菜碱是枸杞果、叶、柄中主要的生物碱之一。枸杞对脂质代谢或抗脂肪肝的作用主要是由所含的甜菜碱引起的，它在体内起甲基供应体的作用。国内关于枸杞甜菜碱的研究仅限于含量测定、提取工艺和对枸杞植物的生理作用（增强耐盐性）等方面，很少有关于枸杞甜菜碱的药理药效研究。

枸杞色素：枸杞色素是存在于枸杞浆果中的各类呈色物质，是枸杞子的重要生理活性成分，主要包括胡萝卜素、叶黄素和其他有色物质。枸杞所含有的类胡萝卜素则具有非常重要的药用价值。很多研究已经证明枸杞色素具有提高人体免疫功能、预防和抑制肿瘤及预防动脉粥样硬化等作用。胡萝卜素是枸杞色素的主要活性成分，具有抗氧化和作为维生素A的合成前体等重要的生理功能。

第二节　食用价值

枸杞全身是宝。枸杞叶富含甜菜碱、芦丁以及多种氨基酸和微量元素等。枸杞叶主要用于泡茶，枸杞叶茶具有养肝明目、保护血管等保健功效。枸杞叶还可生食凉拌，尤其于夏天食用，具有清火解暑、清肝明目的养生功效。

枸杞子被原卫生部列为“药食两用”品种，枸杞子可以加工成各种食品、饮料、保健酒、保健品等。在煲汤或者煮粥的时候也经常加入枸杞。

种子油可制润滑油或食用油，还可加工成保健品——枸杞子油。

第三节　生态价值

宁夏枸杞树形婀娜，叶翠绿，花淡紫，果实鲜红，是很好的观赏植物，但由于其耐寒、耐旱、不耐涝，所以在江南多雨、多涝地区很难种植。宁夏枸杞耐干旱，可生长在沙地，因此可作为西北干旱半干旱地区或荒漠地区山川绿化、水土保持的灌木，而且由于其耐盐碱，也成为盐碱地植树造林、绿化的开路先锋。

第四章　黑果枸杞生物学特性

第一节 黑果枸杞的形态特征

黑枸杞即黑果枸杞（*Lycium ruthenicum* Murr.），别称为甘枸杞。黑果枸杞蒙名为“乔诺英-哈尔马格”，藏药名为“旁玛”，属于茄科枸杞属。

多棘刺灌木，高20—50（150）cm，多分枝；分枝斜升或横卧于地面，白色或灰白色，坚硬，常呈之字形曲折，有不规则的纵条纹，小枝顶端渐尖成棘刺状，节间短缩，每节有长0.3—1.5 cm的短棘刺；短枝位于棘刺两侧，在幼枝上不明显，在老枝上呈瘤状，生有簇生叶或花、叶同时簇生，更老的枝则短枝呈不生叶的瘤状凸起。叶2—6枚簇生于短枝上，在幼枝上则单叶互生，肥厚肉质，近无柄，条形、条状披针形或条状倒披针形，有时呈狭披针形，顶端钝圆，基部渐狭，两侧有时稍向下卷，中脉不明显，长0.5—3 cm，宽2—7 mm。花1—2朵生于短枝上；花梗细瘦，长0.5—1 cm。花萼狭钟状，长4—5 mm，果实稍膨大成半球状，包围于果实中下部，不规则2—4浅裂，裂片膜质，边缘有稀疏缘毛；花冠漏斗状，浅紫色，长约1.2 cm，筒部向檐部稍扩大，5浅裂，裂片矩圆状卵形，长为筒部的1/3—1/2，无缘毛，耳片不明显；雄蕊稍伸出花冠，着生于花冠筒中部，花丝离基部稍上处有疏绒毛，在花冠内壁等高处亦有稀疏绒毛；花柱与雄蕊近等长。浆果紫黑色，球状，有时顶端稍凹陷，直径4—9 mm。种子肾形，褐色，长1.5 mm，宽2 mm。花果期5—10月。

第二节　黑果枸杞的生长习性和分布范围

黑果枸杞分布于高山沙林、盐化沙地、河湖沿岸、干河床、荒漠河岸林中，为我国西部特有的沙漠药用植物品种。黑果枸杞适应性很强，能忍耐38.5 ℃高温，耐寒性亦很强，在−25.6 ℃下无冻害，耐干旱，在荒漠地仍能生长，但抗涝能力差，低洼积水处不宜栽种。它是喜光树种，全光照下发育健壮，在庇荫下生长细弱，花果极少。对土壤要求不高，其野生生长环境中0—10 cm土层土壤含盐量可达8.9%，10—30 cm土层土壤含盐量可达5.1%，根际土壤含盐量达2.5%，可见其耐盐碱能力特强，且有较强的吸盐能力。

黑果枸杞主要分布于陕西北部、宁夏、甘肃、青海、新疆和西藏；中亚、高加索和欧洲亦有。它生长在人类无法生存的荒山野岭、河床沙滩，拥有着极强的生命力。但随着人类对大自然的开发，黑果枸杞的生存空间愈来愈小，导致黑果枸杞成了一种珍贵的原生态高档滋补佳品。

第三节　野生黑果枸杞资源形态类型

经过对青海、新疆分布的野生黑果枸杞进行调查和研究，发现黑果枸杞果实色素属花色素苷，含量高达386.9 mg/100 g（鲜重），优于常见的果汁色素。研究发现，黑果枸杞果实的主要成分是锦葵色素葡糖苷，同时还有黄酮类化合物。黑果枸杞在繁育手段、栽培规模以及产量提高等方面，与宁夏红果枸杞相比存在明显的差距，优质种质资源的培育和推广明显不够，市场供应量十分有限，野生黑果枸杞资源因而成为市场重要供应来源之一。黑果枸杞的野生资源正遭受着巨大的开采压力。目前，野生资源的自我恢复与开采利用之间已经明显失衡，黑果枸杞野生居群的规模以及分布区域正在迅速减小，采取相应的保育措施已迫在眉睫。

近年来，研究者已陆续开展了对野生黑果枸杞资源的遗传多样性及其遗传变异模式的研究，为黑果枸杞野生资源的保护和可持续利用提供了可依据的资料。对黑果枸杞野生资源进行调查和初步分析，深入研究野生黑果枸杞的特性和功用，揭示黑果枸杞的遗传多样性水平及其居群遗传结构特点，有助于了解物种的进化历史及其适应性，从而有助于对其制定有效的保护措施，充分发挥野生资源的独特优势。野生黑果枸杞资源蕴藏着丰富的抗病、抗逆及其他特异基因资源，发掘和利用这些野生资源，对黑果枸杞生产、新品种培育及其他方面的有效应用具有十分重要的意义。

一、研究方法

（一）调查范围

在宁夏（永宁县、贺兰县、灵武市、石嘴山市惠农区、中卫市中宁县）、青海（格尔木市、德令哈市、都兰县诺木洪农场）、新疆（喀什泽普县、阿克苏阿瓦提县、和硕县乌什塔拉乡、乌苏市甘河子镇、博尔塔拉州精河县）、甘肃（民勤、瓜洲）4个省（区）的15个县（市、区），每个县（市、区）选择具有代表性的乡镇2—3个，共计26个乡镇。

（二）调查方法

1. 确立调查范围与重点区域：查阅国家与地方有关文献资料，拜谒省、市、县资深专家，电话咨询专业技术骨干，聘请当地知情老农作向导，确立项目调查范围、重点区域和具体地点。

2. 资源数据采集：对发现的野生植株，按照《农作物种质资源考察收集技术规程》《枸杞种质资源描述规范和数据标准》，在室外进行全球定位系统（GPS）定位与拍照，调查观测植株的形态特征、生长习性、生态环境；按照pH示差法测定花青素；对发现的特异植株进行活体保存。

3. 数据分析：用Excel 2007、SPSS 20.0对植株性状的均值、标准差、变异系数及相关性等进行统计分析。将20个数量性状作为分类单元，通过SPSS 20.0进行R型聚类（变量聚类）和主成分分析，确定类型划分的形态指标，结合生态型等指标进行黑果枸杞种内类型划分。同时，用SPSS 20.0对26份典型种质进行Q型聚类（样品聚类）。

二、结果与分析

（一）黑果枸杞种质资源单性状分类

1. 按照树体的分枝形状划分

直立形：一级分枝角度小于45°，冠形为直立塔形，冠幅体积小，产量普遍较低。

灌木形：冠形丛生，主干多且细，侧枝密集、紧贴地面，若不经过修枝，冠形似灌木，冠幅体积大，往往产量高。

2. 按照果实的大小划分

大果型：单果质量在0.4 g以上，平均纵径7.0 mm，平均横径在10.0 mm以上。

小果型：果实极小，单果质量小于0.4 g，平均纵径7.0 mm，平均横径在10.0 mm以下。

3. 按照果实的成熟期划分

成熟期一致：结果枝条上的果实集中成熟，密布于枝条。

成熟期不一致：结果枝条上的果实成熟不一致，枝条上成熟果实、青果均有分布。

4. 按照果实的形状划分

圆球形果：圆球形及不规则的近球形，纵径、横径基本相同。

扁球形果：球形呈压扁状，纵径小于横径。

桃形果：果实形状似桃子，果纵向两端窄尖，纵径大于横径。

5. 按照果实的颜色划分

黑色：果实颜色为黑色。

玫红色：果实顶部颜色多为玫红色、紫色，下半部为白色。

白色：果实颜色为白色。

无色：果实基部为白色，顶部近无色。

6. 按照叶片形状划分

黑果枸杞叶片在不同枝条上多为条形、条状披针形或条状倒披针形，有时呈狭披针形，顶端钝圆，基部渐狭。

按当年生枝条叶片可划分为以下几类。

条形：近无柄，条形。长度变异较大，宽度变异较小。

条状披针形：近披针形。长度变异较小，宽度变异较大。

倒披针形：呈狭披针形。顶端钝圆。

7. 按照花冠的大小划分

小花型：花堇紫色，花冠幅直径小，多在11.0 mm以下，一般果小、叶小的植株多开小花。

大花型：花堇紫色，花冠幅直径大，多在11.0 mm以上，一般果大、叶大的植株多开大花。

（二）黑果枸杞种质资源形态特征的变异

对包含不同单个性状类型在内的104株黑果枸杞的20个形态特征进行了调查，结果见表1。从表1中可见，黑果枸杞的表型性状变异十分丰富，其中，平均节间距、平均横径、叶宽的变异系数分别为13.28%、12.56%、19.89%，其余数量性状的变异系数超过20%，枝条平均长度、平均单果质量、果柄平均长度、单株产量、平均纵径、花青素含量的变异系数更是超过30%。尤其单株产量的变异幅度为12—689 g，变异系数最大，高达68.74%；果柄平均长度变异幅度为4.12—17.64 mm，变异系数为36.78%。在树体、果实、叶片和花等4 类性状中，果实性状变异最为丰富，其次为树体性状变异，叶片和花性状的变异系数相对较小，说明树体和果实性状的变异程度高于叶片和花性状。

表1　黑果枸杞形态特征调查结果

性状	变异种类（范围）	数量性状		
		平均值	标准差	变异系数（%）
株高（m）	0.31～1.26	0.82	0.17	26.89
枝条平均长度（m）	0.04～0.46	0.18	0.04	32.45
枝条平均粗度（mm）	1.09～5.41	2.52	0.45	21.07
平均节间距（mm）	5.6～12.33	7.04	2.29	13.28
叶长（mm）	11.24～32.45	24.13	6.58	23.14
叶宽（mm）	1.17～4.12	2.45	0.57	19.89
花冠平均直径（mm）	9.15～12.85	11.49	1.29	21.09
平均单果质量（g）	0.12～0.59	0.39	0.09	34.56
平均纵径（mm）	4.44～10.89	7.26	0.89	31.69
平均横径（mm）	7.86～14.91	10.26	0.59	12.56
果柄平均长度（mm）	4.12～17.64	8.02	1.23	36.78
单株产量（g）	12～689	251.07	112.38	68.74
花青素含量（mg/g）	6.75～28.75	12.36	3.59	32.45
茎尖颜色	灰绿，无紫色条纹=1；深绿，有紫色条纹=2；黄绿，无紫色条纹=3			
分枝	横卧于地面=1，直立=2			
棘刺量	主干、枝条都具有棘刺=1，枝条具少量棘刺=2			
叶形	近无柄条形=1，条状披针形=2，条状倒披针形=3			
果实颜色	黑色=1，玫红色=2，白色=3，无色=4			
果实形状	球形=1，扁圆形=2，桃形=3			
成熟期	一致=1，不一致=2			

（三）黑果枸杞种质资源类型划分指标选择

在植物分类中，以单一突出性状作为分类依据的方法比较简单，应用方便，但对于变异较多的树种存在不易划分等问题，而且在一定程度上可能会出现同种异名或异种同名的混乱状况。吴志庄等认为R型聚类（变量聚类）是一种降维的方法，通过将具有共同特征的变量分为一类，寻找有代表性且独立的变量进行研究。

由于黑果枸杞形态性状间变异较大，且许多性状间存在相关性，无法排除一些次要的或干扰性的信息，而主成分分析可以简化数据，揭示变量间关系。因而在性状数量化的基础上进行主成分分析，确定黑果枸杞类型划分的主要指标，以使分类结果更加客观。对104株黑果枸杞的13个数量性状观测值进行主成分分析，得到前3个主成分及其因子负荷量和贡献率，见表2。

表2　前3个主成分的因子负荷量和贡献率

变量	前3个主成分		
	1	2	3
花青素含量（mg/g）	0.907	0.343	0.188
株高（m）	0.636	0.443	−0.038
枝平均长度（m）	0.014	0.171	0.382
枝平均粗度（mm）	−0.312	0.265	0.041
节间平均长度（mm）	0.075	0.131	0.326
叶长（mm）	0.374	−0.275	0.031
叶宽（mm）	−0.577	0.122	0.254
花冠平均直径（mm）	−0.338	0.299	0.359
平均单果质量（g）	0.446	0.267	−0.783
果实平均纵径（mm）	0.169	0.339	0.225
果实平均横径（mm）	−0.487	0.161	0.412
果柄平均长度（mm）	−0.097	0.412	−0.008
单株产量（g）	0.636	0.343	−0.038
特征根	4.51	3.897	2.701
贡献率	32.89	21.65	14.07
累计贡献率	32.89	54.54	68.61

从表中可见，这3个主成分综合了13个数量性状指标的绝大部分信息，累计

贡献率达68.61%。

其中，第1主成分贡献率为32.89%，其因子负荷量绝对值大的原有指标是花青素含量、单株产量、平均单果质量，表明第1主成分主要反映的是黑果枸杞的果实性状，说明果实性状对黑果枸杞形态特征的影响最重要。

第2主成分贡献率为21.65%，从因子负荷量看，它主要反映的是株高、果柄长度，表明植株对黑果枸杞性状变异的影响居第2位。

第3主成分贡献率为14.07%，它主要表达的是叶形和果实性状，说明叶形和果实性状在黑果枸杞的数量性状分类中的地位较重要。

因此，可考虑选择花青素含量、单株产量、果柄平均长度、平均单果质量、株高5个性状作为黑果枸杞类型划分的主要指标。

（四）黑果枸杞种质资源种内自然类型的划分

黑果枸杞为异花授粉植物，起源久远。调查发现其种内个体变异丰富，类型多样。综合主成分分析结果，可初步选择花青素含量、单株产量、果柄平均长度、平均单果质量、株高5个性状作为类型划分的指标。在这5个性状中，花青素含量作为黑果枸杞的特异性状，代表了黑果枸杞的最终选育目标，是判断黑果枸杞品质的最关键性状。但是作为形态学指标，花青素含量需要进行实验室测定，所以暂不纳入黑果枸杞自然类型的分类依据，而是作为最终衡量指标。单株产量、果柄长度、平均单果质量3个性状相互之间均呈显著或极显著相关，而且这3个性状都是果实性状，是稳定的遗传性状，说明这3个性状均可作为黑果枸杞类型划分的指标。但综合分类应遵循分类等级不宜过多、可检索性强、容易识别区分的原则，采用性状变异明显、容易判别，且与果实产量相关密切的性状进行划分。因此，应从这5个性状中选出1个或2个与果实产量紧密相关的性状来进行类型划分。同时，经调查和统计分析发现，黑果枸杞的果柄长度、株高等性状差别明显，与黑果枸杞的选优目标一致。

此外，多年的调查发现，黑果枸杞果实成熟期差异明显，因此，果实成熟期是否集中的生态型特征也可作为黑果枸杞的分类指标，可分集中成熟和分批成熟两大类。

表3　黑果枸杞形态类型划分

类型	主要性状
大果高秆集中成熟型	果实大、平均单果质量≥0.4 g，主干直立，果实多为球形、扁球形，叶片大，果实成熟时密布于结果枝条上。
小果高秆集中成熟型	果实小、平均单果质量≤0.4 g，主干直立，果实多为球形、扁球形，叶片小，果实成熟时密布于结果枝条上。
大果矮秆集中成熟型	果实大、平均单果质量≥0.4 g，主干丛状，分支横卧于地面，果实多为球形、扁球形，叶片大，果实成熟时密布于结果枝条上。
小果矮秆集中成熟型	果实小、平均单果质量≤0.4 g，主干丛状，分支横卧于地面，果实多为球形、扁球形，叶片小，果实成熟时密布于结果枝条上。
大果高秆分批成熟型	果实大、平均单果质量≥0.4 g，主干直立，果实多为球形、扁球形，叶片大，果实成熟期不一致，成熟果实分散分布于结果枝条上。
小果高秆分批成熟型	果实小、平均单果质量≤0.4 g，主干直立，果实多为球形、扁球形，叶片小，果柄长、果实成熟期不一致，成熟果实分散分布于结果枝条上。
大果矮秆分批成熟型	果实大、平均单果质量≥0.4 g，主干丛状，分支横卧于地面，果实多为球形、扁球形，叶片大，果柄长、果实成熟期不一致，成熟果实分散分布于结果枝条上。
小果矮秆分批成熟型	果实小、平均单果质量≤0.4 g，主干丛状，分支横卧于地面，果实多为球形、扁球形，叶片小，果实成熟期不一致，成熟果实分散分布于结果枝条上。
白果枸杞	果实小、平均单果质量≤0.4 g，主干丛状，分支横卧于地面，果实多为扁球形，叶片小，果实成熟时密布于结果枝条上。
无色枸杞	果实大、平均单果质量≥0.4 g，主干丛状，分支横卧于地面，果实为桃形，叶片大，成熟果实分散分布于结果枝条上。

综上，针对黑果枸杞种内既有不同资源类型又有特殊变异类型的事实，依据主要形态学指标分为黑果枸杞、白果枸杞两大类型。其中以单株产量、果柄长度、平均单果质量、株高形态特征结合成熟期生态型的方法对黑果枸杞进行综合的形态分类，将黑果枸杞自然类型初步归纳为大果高秆集中成熟型、小果高秆集中成熟型、大果矮秆集中成熟型、小果矮秆集中成熟型、大果高秆分批成熟型、小果矮秆分批成熟型、大果矮秆分批成熟型、小果矮秆分批成熟型8个自然变异类型和特异种质白果枸杞、无色枸杞2个自然变异类型。

三、结论

目前，对于黑果枸杞种内资源的评价研究较少，对枸杞属的遗传进化研究较多。专家、学者对枸杞属（茄科）新类群杂交起源的研究较为深入，探讨了清水河枸杞与黑果枸杞的形态学差异。清水河枸杞正好分布在黑果枸杞和宁夏枸杞的分布重叠区上，揭示了清水河枸杞的杂交起源，说明其一个亲本来自宁夏枸杞，另一个亲本则来自黑果枸杞，即清水河枸杞是宁夏枸杞和黑果枸杞的杂交后代。

黑果枸杞自然变异类型划分一直是一个比较困难的问题。本节对黑果枸杞种内类型的初步划分是在广泛的资源调查和集中分布区内定株观测的结果，能够较全面地反映黑果枸杞种质资源的状况，对其进行综合分析、分类及评价是比较可靠的。但是，本节统计分析的黑果枸杞资源，没有在同地进行鉴定比较，因此本节的分类标准是相对的，对于某地相对表现较好的品种，应当慎重处理而不应过于受类型划分的限制。对不同地区的不同类型有必要在相同生态条件下进一步鉴定评价，以期全面而合理地利用各地的优良类型资源，并完善和丰富分类标准。

此外，在黑果枸杞资源调查中发现的特异种质白果枸杞，虽然目前在生产上利用价值不大，但作为稀有育种材料，对杂交育种、选育特殊优良类型、适应今后市场多样化的要求可能会有较高的利用价值，因此应对其种质资源加以保护。同时白果枸杞作为不含花青素的天然突变系，是进行黑果枸杞花青素合成途径研究的良好试材，对不同地区黑果枸杞间花青素含量差异的研究具有重要意义。课题组将进一步采用形态学、传粉生物学和SSR分子标记技术对部分典型黑果枸杞类型的亲缘关系做深入研究。

第五章 黑果枸杞栽培技术

第一节　黑果枸杞繁殖技术

一、种子繁殖

可选用优良品种，于夏季采摘其果大、色鲜艳、无病虫斑的成熟果实后，用30—60 ℃温水浸泡，搓揉种子，洗净，晾干备用。在播种前用湿沙（1∶3）拌匀，置20 ℃室温下催芽，待有30%种子露白时或用清水浸泡种子一昼夜后，再行播种。春、夏、秋季均可播种，以春播为主。春播时间为3月下旬至4月上旬，按行距40 cm开沟条播，深1.5—3 cm，覆土1—3 cm，幼苗出土后，要根据土壤墒情，注意灌水。苗高1.5—3 cm，松土除草1次，以后每隔20—30天松土除草1次。苗高6—9 cm，时定苗，株距12—15 cm，每1 hm^2留苗15万—18万株。结合灌水在5、6、7月追肥3次。为保证苗木生长，应及时去除幼株离地40 cm部位生长的侧芽，苗高60 cm时应行摘心，以加速主干和上部侧枝生长，当根粗0.7 cm时，可出圃移栽。

二、扦插繁殖

在优良母株上，采粗0.3 cm以上的已木质化的一年生枝条，剪成18—20 cm长的插穗，扎成小捆竖在盆中用100 mg/L α-萘乙酸浸泡2—3 h，然后扦插，按株距6—10 cm斜插在沟内，填土踏实。

田间管理：在5、6、7月中耕除草1次，10月下旬至11月上旬施羊粪、厩肥、饼肥等作基肥，追肥可于5月施尿素和6—7月施磷、钾复合。幼树整形，枸杞栽后当年秋季在主干上部的四周选3—5个生长粗壮的枝条作主枝，并于20 cm左右处短截，第2年春在此枝上发出新枝时于20—25 cm处短截作为骨干枝。第3、4年仿照第2年办法继续利用骨干枝上的徒长枝扩大，加高充实树冠骨架。经过5—6年整形培养进入成年树阶段。成年树修剪，每年春季剪枯枝、交叉枝和根部萌蘖；夏季去密留疏，剪去徒长枝、病虫枝及针刺枝；秋季全面修剪，整理树冠，选留良好的结果枝。

剪枝原则：去老留新、去病留健、去弱留强，使结果枝条在树冠内均匀分布。要求多培养结果枝条，剪去非生产性枝条。

三、栽培质量技术标准

按照宁夏回族自治区地方标准《无公害食品 枸杞产地环境条件》、《有机枸杞生产技术规程》和国家农业行业标准《绿色食品 枸杞及枸杞制品》进行栽培种植；亩栽222—333株，合理密植。

采摘期为6月中旬至10月中旬；鲜果制干可采用油脂冷浸热风道烘干的制干技术，也可采用自然晾晒的制干方法。宁夏枸杞不得用硫磺熏制。

干果呈紫红或枣红色，基部具有明显白色果柄痕迹；长12.0—20.2 mm，直径5.4—9.9 mm。枸杞多糖含量3.5%—4.3%；总糖含量45%—55.7%；干果含水量低于13%。

第二节　黑果枸杞壮苗选育

一、种源筛选

组织科研人员开展黑果枸杞优质高效品种的选育工作。在广泛搜集国内外野生黑果枸杞、白果枸杞、黄果枸杞以及其他茄科植物品种资源的基础上，选取自然状态下生长健康、果实大、枝繁叶茂的优势单株，建立枸杞品种原始资源圃。利用嫁接蒙导法和杂交授粉技术开展杂交育种工作，通过不同枸杞种间杂交及与其他茄科植物相互杂交授粉，培育出具有针刺少、果柄长、原花青素成分含量高、适宜人工栽培等特点的黑果枸杞新品种。目前某公司已选育出具有特色代表的黑果枸杞优良品种3个。新品种兼具红果枸杞与黑果枸杞的特点：口感好、针刺少、果枝长。这解决了野生黑果枸杞个头小、不易采摘的难题。

二、黑果枸杞选育路线

（一）搜集种植资源并建立种质资源圃

广泛搜集资料，着力研究、分析、论证黑果枸杞在全国的分布、习性以及其生物学特性，论证适宜黑果枸杞生长的地类环境，论证黑果枸杞大面积繁育推广的可行性。走访新疆、青海、甘肃等有野生黑果枸杞、白果枸杞、黄果枸杞分布的地区，在野生黑果枸杞保护区中心地带，选择一定数量的优树——超级大果型、大植株、高抗性的优势单株，移栽至种质资源圃。

（二）遴选

为了快速、大量繁殖出黑果枸杞苗木，并且使黑果枸杞避免杂品枸杞授粉而保持优良品性，在黑果枸杞种子园建立前，首先进行与杂品枸杞等树种的授粉隔离，隔离带在300 m以上，即在野生黑果枸杞分布边缘以外300 m范围，清除一切杂品枸杞。以各种测得的技术参数指标作为分析因素，把黑果枸杞人工种子园中挂牌的样株群进行株间比较，从而选择出优势株群，即生长茁壮、结实率高的优势单株。

（三）嫁接

以红果枸杞嫩枝作为砧木，以亲和力强的黑果枸杞嫩枝作为接穗。砧木与接穗的选择标准均为遗传稳定、个体发育时间长、生长状况良好。

嫁接的步骤：切断砧木→在砧木上切口→切取接穗呈楔形，保证接穗大小与砧木切口一致→插入接穗→在连接处用保鲜膜包裹并用牙签横向插入，固定→扎紧接口处→罩住嫁接苗→特殊管理，保证成活。主要涉及以下三个方面：

1. 砧木和接穗的选择

砧木的选择：一般情况下，营养物质通过砧木传递给接穗。因此要选择生育健壮、根系发达、适应当地环境条件、具有一定抗性（如抗寒、抗旱、抗盐碱、抗病虫能力强）、与接穗具有较强亲和力的苗木作砧木。

接穗的选择：选择要繁殖的优良品种中的健壮、无病虫害的植株作接穗母株。为了提高嫁接成活率和苗木质量，应选取母株上部阳面、生长势良好、节间较短、新鲜充实的幼龄枝中部饱满枝芽作接穗。

2. 嫁接

一般选择苗期进行嫁接。靠接、劈接、插接等方法均可使用。需要注意的是，嫁接时需选用木质化程度不高的砧木与接穗，即幼龄阶段的砧木与接穗。

①对砧木的要求：除去生长点及心叶，在两子叶之间劈口。砧木植株要嫩、茁壮。

②对接穗的要求：幼嫩、粗细与砧木一致，利于愈伤组织的形成。

③由于接穗与砧木属于同科同属植物，亲缘性近，易嫁接成功。但是在接穗部位需用保鲜膜扎紧，一方面起到固定作用，另一方面能促进嫁接苗的成活和生长发育。

3. 对嫁接苗的护理

对嫁接苗要始终采取有目的的管理措施，包括光照、水肥、温度、湿度等的管理。嫁接完成初期，愈伤组织很容易失水变干而使接穗死亡。因此，接合部位需用保鲜膜扎紧，保持水分、湿度。随着砧木与接穗的逐渐结合，愈伤组织细胞分裂急需氧气，因此，需适当解绑。

（四）杂交

选择嫁接成功、生长旺盛的植株作为杂交亲本。杂交按以下流程进行：

1. 去雄：选择生长状况良好的嫁接植株上个头硕大的花蕾，在花蕾未绽放时期，轻轻剥开花蕾，人工除去雄蕊。

2. 授粉：在去雄花朵的柱头上，授予成熟的红果枸杞的花粉，使花粉粘在柱头上。

3. 套袋、挂牌：授粉后，为避免其他花粉的污染，需套袋将此杂交花朵与外界隔离，并挂牌注明授粉日期，父本、母本的品种名称。

在嫁接成功的基础上，有性杂交获得了成功。经过反复试验、操作，得到的新品种携带了两者的优良基因，得到具有针刺少、结果枝长、果肉厚、原花青素含量高等特点的黑果枸杞优势品种。

授粉时注意：授粉时间最好选在气温在18—25 ℃的晴天大上午，因为此时授粉效果最好。授粉成功后，记录授粉花朵及植株生长状况，如花托的退化、结果、果实变色、成熟等情况。

第三节　土地的规划、平整和改良

一、土地规划与平整

黑果枸杞适应性很强，对土壤要求不高，在各种质地的土壤上均能生长。但要实现优质高产，最好选择土壤深厚且有良好通气性的轻壤、沙壤和壤土进行建园。如果建园的土地为新开荒地、土壤类型复杂，土壤改良性差，熟化程度低，土壤板结、盐碱化严重，为了今后耕作方便、优质丰产，就要做好土壤改良，并对黑果枸杞园进行合理规划，要将大田改小田，每块地面积控制在1亩以内，同时削高垫低，平整土地，使地面保持水平，以利于灌水深浅一致，避免黑果枸杞苗木受旱或者受淹，并能够减轻盐碱危害，提高黑果枸杞苗木成活率。

二、土壤改良

土壤改良的方法主要有以下几种：

1. 挖坑填沙法。俗话说："碱地铺砂旺发庄稼。"对于盐碱化比较严重的土地，最好按照行距、株距挖坑，坑的规格一般为40 cm × 40 cm × 40 cm（长 × 宽 × 深）左右，将坑内的盐碱土壤挖出后，再填入沙土，浇水后再栽植。

2. 合理浇地法。栽植前一年要灌足冬水，栽植后及时浇水，这样既可避免盐碱危害，又能确保黑果枸杞苗木生长。

3. 浇水后及时松土。通过这一措施，可以提高土温，疏松土壤，减少水分蒸发，还能把早春初生长的杂草全部翻压在下面，这对减少树木的死亡和促进幼树生长有显著的效果。

4. 覆盖地表。适当利用废弃的有机物或种植地被植物覆盖土面，可以起到减少水分蒸发，抑制土壤返碱，减少地面径流，增加土壤有机质含量的作用。覆盖材料最好就地取材，以经济、适用为原则，常用的有农作物秸秆、树叶、树皮等。

5. 增施有机肥。增施天然有机肥是改良盐碱土壤不可缺少的措施，是土壤改良的根本和巩固改盐效果的关键。多施有机肥料可使盐碱含量高、板结程度大的土壤变得疏松，土壤孔隙度增大，土壤保水、保肥能力增强。此外，有机肥料产生的有机酸还能够部分中和土壤的碱性。总体来说，土壤有机质含量越高，抑制水、盐运动的作用就越强。增施磷肥也是缓解盐碱的好办法。每亩盐碱地施过磷酸钙90—100 kg，最好与有机农家肥堆沤后混施，由于磷肥呈酸性，大量施入盐碱地后可以达到酸碱中和，减轻碱性，改良土壤的目的。

因此，土壤盐碱化较严重的地方，应在可以大量积累天然有机肥的秋冬季节，广泛组织人力进行堆肥、沤肥，采用多种形式制造和储存有机肥料，为以后的盐碱地黑果枸杞造林打下基础。

第四节　栽植技术

一、苗木基础知识

（一）苗木基础对生长发育的影响

初定植的黑果枸杞树根系发育与苗木的根系基础有密切的关系。凡是苗木根系数量多、健全和伤根少的，定植后发根快，长势旺，当年就能形成强壮的根系，有利于地上部分的良好发育。而苗木根系数量少、苗木出圃起苗时伤根多的，栽后成活慢，成活率低生长也相当缓慢。这是因为根系越少，与土壤接触的根表面积越小，靠渗透进入根系的水分就越少，而地面上部主干枝条不断向空气散失水分，地下根系吸水不足以补偿地上部分向外散失的水分，地上枝干必然抽干死亡。只有根系与土壤接触的表面积大，与土壤接触紧密，才能吸收足够的水分，补偿枝干蒸腾失水，并能供应苗木发芽和叶片生长需要的水分，以便地上部分正常抽枝长叶，正常生长。

（二）新根的生长

初定植的黑果枸杞树的新生根可以从主干侧根的任何部位长出，但长出新生根的多少有所不同。对于起苗时挖断的侧根，过去认为愈伤组织是产生新根的主要部分，但调查表明，如果栽前对伤根部分未用锋利的修枝剪进行修剪，则愈伤组织形成困难，甚至没有新根产生。如果栽前对根系的伤口进行修剪，则愈伤组织形成快，且能在断口2—3 cm从根皮生出数量较多的新根，将来形成骨干根的可能性大。

二、育苗

示范栽培的黑果枸杞种苗有两种：第一种是在温棚中用营养钵育出的活体苗，一般是于上一年10月份在高标准的日光温棚内用营养钵育出的长至6—7个月的活体苗，这类苗于5月1日至15日定植；第二种是于上一年3月20日至4月20日在大田中通过硬枝扦插（或在日光温棚中通过嫩枝扦插）育出的一年生冬眠苗，这类苗于3月20日至4月20日前定植。

1. 硬枝扦插育苗：在早春树液流动前，选一年生枝，枝粗0.2—0.3 cm，削成15—20 cm粗的插条。插条下端削成斜茬，每100根扎成一小捆，下部竖在盆中，再倒入ABT生根粉溶液（浓度为5—10 ppm）浸泡30 min。扦插前先在苗床上按40 cm的行距开沟，沟深15 cm，然后按6—10 cm的株距把插条斜放在沟里，覆土压实，插条上留2个节露出地面。当新株长到3—5 cm时，只留一个壮芽。

2. 嫩枝扦插育苗：在日光温棚中采集种条，在陆地搭建移动式温棚，育苗于4月下旬至9月下旬进行。按40 m × 1.7 m规格准备苗床，床上铺厚3—4 cm的细沙，扦插2—3天前把苗床细沙用水浇湿。从良种采穗圃中选择树体健壮的成龄树，采集没有病虫害的半木质化嫩枝，剪成6—8 cm长的插条，下剪口为马耳形，顶端留2—3片叶。注意枝条必须现采现剪，剪完后用生根粉处理，立即扦插。用100 ppm的α–萘乙酸和100 ppm的吲哚丁酸溶液混合，并用滑石粉调成糊状，或用150 ppm吲哚丁酸用滑石粉调成糊状，速沾于插条下端1—1.5 cm后立即扦插。将浸沾过生根剂的插条插入孔内，用手指稍微捏实，然后喷水雾，并搭塑料拱棚进行遮阳。拱棚内自然光透光率保持在30%左右，相对湿度保持在80%以上，温度保持25—32 ℃。生根一周后逐渐揭去遮阴网并通风炼苗。

嫩枝扦插育苗一般经过10天左右即可成活，20天左右枝条就会有新芽发出。根据苗床插条的发叶情况，逐渐进行小拱棚放风，使幼苗适应外界环境，放风锻炼一周后，完全去掉拱棚棚膜，让其在常温中生长。冬季来临，让其落叶休眠，来年春季就可以移植于大田。

三、苗木准备

苗木质量要求：起苗时要求保持完整的根系，主根完整，不伤侧根。起苗后立即放到阴凉处，并对苗木进行分级，调运的苗木质量要求达到一级标准，即苗高50 cm以上，地径0.7 cm以上，苗木根系数量多、健全、不伤根。

四、定植方法

黑果枸杞喜光，根系发达，要达到高产，需选择光照条件好，地势平坦、能灌溉，土质肥沃的沙壤土、壤土或轻盐碱地种植。定植要选在春季土地解冻至枸杞苗木萌动前或秋季8月中下旬前。株距0.75—1 m；行距机耕作业3.0—3.5 m，人工作业1.5—2.0 m。定植时在栽植点挖坑，坑长40 cm、宽40 cm、深30 cm，每坑施1 kg腐熟农家肥与土拌匀，填湿土，向上轻提苗木，再分层填土踏实。

（一）定植方法

将苗木的土球或根放入种植穴内，使其居中；再将树干立起，扶正，使其保持垂直；接着分层回填种植土，当回填到根系一半时，要将树根稍向上提一提，使根系舒展。每填一层就要用锹把将土拍紧实，直到填满穴坑，并使土面能够覆盖树木的根颈部位。初步栽好后还应检查一下树干是否保持垂直，树冠有无偏斜，若有歪斜，则应扶正。最后，把余下的穴土绕根颈一周进行培土，做成环形的拦水围堰。其围堰的直径应略大于种植穴的直径。堰土要拍压紧实，不能松散。定植后要及时给水，注意除草等日常工作。

（二）定植时注意的几个技术环节

（1）栽前对苗木进行一次修剪。栽前对苗木进行修剪，包括将根部以上的萌条和苗冠部位的徒长枝全部剪去，以及对挖苗时挖伤的根剪平，以防止栽后腐烂，造成死亡。

（2）苗木浸泡。在栽前要把苗木浸泡12—24 h，浸泡时用清水或用一定浓度的生根粉或萘乙酸液均可。

（3）定植穴施肥要求必须混合均匀。尤其是施用有机肥如鸡粪、牛粪时，混合均匀后，施肥层上需填土5 cm左右，再放苗栽植。

（4）栽植深度要求与原来苗圃中生长时的深度一致，即使埋得略深一点，也不能超过5 cm。

五、水肥管理

（一）灌水

黑果枸杞定植后立即灌水，而后根据土壤墒情，于7—10天内再灌水一次。完全成活后灌第3次水，结合灌第3次水开始追施第1次肥，以后灌水可结合追肥一并进行。全年灌水次数一般以6—8次为宜，主要根据土壤排水情况决定，保水差多灌，排水差少灌。总之在不影响黑果枸杞正常生长的前提下，黑果枸杞栽植当年能少灌水，就尽量少灌水。这样的管理有利于黑果枸杞根系向深生长，为以后根深叶茂打好基础。

（二）施肥

基肥以农家肥和油渣为主。农家肥包括堆肥、沤肥、厩肥、沼气肥、绿肥、作物秸秆肥、泥肥、饼肥等。农家肥在使用时一定要经过腐熟，未经腐熟的禁止施用。基肥的施肥时间在10月中旬—11月上旬灌冬水前，或在春季解冻后。施肥时沿树冠外缘下方开半环状或条状施肥沟，沟深20—30 cm。成年树每亩地施优质腐熟的农家肥2000—3000 kg。1—3年幼树施肥量为成年树的1/3—1/2。从4月中旬开始进行土壤追肥。在春枝生长期至开花期，每隔10天喷一次叶面肥。

追肥采取“水肥一体化”滴水肥模式，一般对3年以上成龄树年滴水肥5次，分别于4月15日左右滴第1次水肥，亩均滴氨基酸60 kg，磷酸一铵10 kg，尿素8 kg；第2次于5月中旬亩均滴氨基酸60 kg，磷酸一铵10 kg，尿素8 kg，硫酸钾5 kg；第3次于6月上旬亩均滴氨基酸60 kg，磷酸一铵6 kg，尿素4 kg，硫酸钾8 kg；第4次于6月底亩均滴氨基酸60 kg，尿素4 kg，硫酸钾5 kg；第5次于7月下旬亩均滴氨基酸60 kg，尿素4 kg，硫酸钾5 kg。每亩施肥折合纯氮33个，纯磷12个，纯钾12个。

六、黑果枸杞园土壤管理

管好黑果枸杞园土壤必须做到三者兼顾，一是疏松土壤与保墒增温相结合；二是改善通气条件与除草相结合；三是深翻与改善土壤结构相结合。具体有以下几点：

早春3月下旬的浅翻春园，翻晒深度8—13 cm，其中树盘下8—10 cm，行间10—13 cm。这次浅翻，既提高土温，疏松土壤，减少水分蒸发，还能把早春初生长的杂草全部翻压在下面。

初夏5月上旬的中翻夏园，翻晒深度10—15 cm，树盘下浅，行间深。这次中翻，正处于春枝生长杞和老眼枝花期，通过一定程度的翻晒，可以除草，兼有改善通气条件，减少水分蒸发，协调根系水、肥、气、热关系，促进养分缓缓吸收，保证春枝生长壮、老枝开花朵、不落花。

初秋8月中下旬的深翻秋园，翻晒深度20—23 cm，要求树冠下10—15 cm，以防伤害根系。此时夏果采果结束，根系即将进入第二次生长高峰，深翻后切段的根系能在短期内愈合，并经根系的二次生长高峰，长出大量的新根。这次深翻是因为黑果枸杞园经过长达2个月之久的采果，土地已经被践踏而致僵硬，严重制约了根系的生长，影响了根系的通气条件，深翻可疏松土壤，改善土壤物理结构，增强土壤通气性，促进根系在第二次生长高峰期良好生长，为地上部树冠输送更多的营养物质。

每次浇水后行间松土除草1次，深度15 cm。9月底翻晒园地1次，深度25 cm，树冠下15 cm。

七、黑果枸杞山沙地育苗与造林技术要点

（一）沙质苗圃地育苗技术

1. 沙壤土改良

选择地势平坦、灌溉方便、土质较厚的沙壤土。对于不达条件的地块，需进行土地平整和土壤改良，土壤改良主要采用深翻、施有机肥、使用腐质酸肥料或土壤改良剂等方法；对土层较薄的地段还要使用客土，土壤改良以农家肥、油渣为主，每亩地农家肥使用量不低于500 kg。

2. 硬枝扦插育苗

在早春树液流动前，选一年生黑果枸杞优良品种的徒长枝粗壮、芽子饱满的枝条，剪成15—20 cm的插条，插条下端削成斜茬。按行距30 cm × 15 cm把插条斜插于苗床中，保持土壤湿润。其成活率可达80%以上，用生根粉处理效果会更好。或者是在优良母株上选出粗0.3 cm以上已木质化的枝条，剪成20 cm左右的小棍，扎成小捆，下部竖在盆中，在盆中倒入ABT生根粉溶液（浓度为5—10 mg/kg）浸泡30 min。扦插前先在苗床上按40 cm的行距开沟，沟深15 cm，然后按6—10 cm株距把插条斜放在沟里，覆土压实。插条上留2个节露出地面，当新株长到3—5 cm时，只留1个壮芽。另外黑果枸杞根系发达，根蘖能力强，通过截断主根也可在主根周边萌发许多新苗株，增加覆盖率。

3. 田间管理

（1）灌水。根据土壤情况适时灌水，地表稍干后进行松土除草，1年共需4—6次。

（2）间苗。间苗分2次进行：一是在苗高5—6 cm的6月间，留苗株距5—6 cm；二是7月上中旬再进行定苗，留苗株距10—15 cm。原则为留优去劣，去弱留强。

（3）追肥。结合灌溉于6月中旬追施速效氮肥1次。4月中旬—5月上旬，每亩地追尿素20 kg，6月上旬—6月下旬追磷酸二铵20—40 kg。若秋季花多，每亩地再追复合肥20 kg。也可用喷雾的方式进行根部追肥。

（4）抹芽。幼苗高30 cm左右以后，应及时抹去从基部发出的侧枝，对距地表40—60 cm高处的侧枝适当疏枝，苗木高60 cm以上处摘顶，以加速其主干和主侧枝的粗壮生长。

（5）水分管理。枸杞既喜水，又怕水。采果前20—25天灌水1次，采果期15—20天灌水1次。夏果采摘结束后随即灌水，准备秋耕。9月上旬灌“白露水”促进秋梢生长。11月上中旬施基肥后，灌好冬水，头水和冬水需水量大，其他可以减量。

（二）造林技术要点

（1）造林苗木选择。选用二年生实生苗，苗高30 cm，地径0.3 cm以上，根系发达饱满，无病虫害的健康幼苗。合格的幼苗是造林成功的关键。

（2）起苗和运输。于开春进行，此时苗木处于休眠期，需及时起苗，起苗深度要达30 cm左右，过程中注意缓起慢放，细心操作，尽量避免机械损伤，保护好幼苗茎和根系，最后按规格分级待运。苗木扎捆要松紧适宜，码放时要根朝外，防止苗木“感冒”。运输过程中注意苗木的保湿，有条件最好盖上篷布防晒、防风干。若运输时间超24 h要及时洒水保湿，洒水在傍晚进行。苗木运输至栽植地时，及时假植，假植后多灌水防风干。

（3）风沙草滩区造林。采用穴状整地，穴间距2 m。穴间砍除杂草、沙蒿、沙柳，沙地用作障蔽材料，以固定流沙，穴的规格为40 cm × 40 cm × 50 cm，栽植时，需将表层干沙铲去，再打坑栽植，随打坑随栽植，踏踩实、及时灌水，成活率达80%以上。流动沙地搭设3.0 m × 2.0 m网格障蔽；半流动沙地搭设平铺式障蔽，行距2 m即可。

（4）栽植造林与管护。春季栽植在4月初，秋季栽植在10月后，将苗截杆至40 cm（地径以上）。植树时将苗木直接放入栽植坑，扶正，根部全部置坑内，然后填土，填土至一半时，及时提苗使得苗根和土壤充分接触，灌水，继续填土夯实。造林后要对黑果枸杞进行幼林抚育，树体修剪，清理枯枝落叶，整理树坑等。一般黑果枸杞造林地的立地条件较差，如果条件允许，可以在雨季撒施尿素，成活率更高。

第六章　黑果枸杞修剪技术

第一节　黑果枸杞生长发育规律

一、黑果枸杞枝的生长发育规律

枝是组成树冠的重要部分，是长叶和开花结果的部分，是输送水分和养分的通道，也是保管养分的部分之一。

黑果枸杞枝条的分类方法很多，按其枝龄分为一年生枝、二年生枝和多年生枝；按其当年生枝条出现的迟早可分为春枝和秋枝；按一年中抽生的次数可分为一次枝、二次枝和三次枝。但这些枝条，按当年能否开花结果可分为两大类枝，即营养枝和结果枝。

1. 营养枝：传统栽培习惯上把它称为徒长枝或“油条”。其着生位置特殊，一般着生在根基部和树冠各种骨干枝条最高处的生长部位，与主干的夹角小，夹角不超过20度，枝上只着生叶片，叶片小，叶片薄，节间长，不开花。枝粗，日生长量大，枝条生长前期日平均生长量超过3 cm，不生侧芽。在生长后期随着枝条延长生长转慢，逐渐形成侧芽、侧枝或者人为修剪破坏生长点，能促发侧枝形成，是形成新一层树冠的主要枝条。营养枝在黑果枸杞整个生长季节能随时从隐芽和不定芽处萌发，尤其是黑果枸杞果枝两次生长初期萌发最多。

2. 结果枝：着生花芽和叶芽，当年能开花、结果的枝条。按结果习性又分为：

①老眼枝：是当年以前生长的结果枝，包括二年生结果枝和多年生结果枝。二年生结果枝又可分为二年生春结果枝和二年生秋结果枝。不同时间形成的老眼枝结果能力差异较大，二年生秋结果枝优于二年生春结果枝；二年生结果枝优于多年生结果枝。老眼枝结果数量一般比当年生枝少，但果实质量要优于当年生枝，是生产优质黑果枸杞的枝条。此外，老眼枝还是当年生结果枝着生的母枝。

②当年生结果枝：结果数量多，是构成黑果枸杞产量的因素。

二、黑果枸杞叶的生长发育规律

叶是树冠的重要组成部分，是进行光合作用和制造有机养分的主要营养器官。叶还有吸收、呼吸和蒸腾作用。黑果枸杞树包括果实在内，90%以上干物质都是光合作用的产物。经测定成熟的黑果枸杞叶片在6月份阳光正常的情况下，其光合速度达到27.5 mg $CO_2/cm^2 \cdot s$，蒸腾强度为7.1 mg $CO_2/cm^2 \cdot s$。叶片吸收叶面肥料一般不超过5 min，且半小时在叶片内部就会有明显的积累量。黑果枸杞在一年生长季节里，生理过程连续不断，因此树体上叶片数量、质量及分布情况，与黑果枸杞产量和质量关系特别密切。可见，叶片质量的好坏，对黑果枸杞产量有决定性的影响，要提高黑果枸杞经济产量，必须首先提高光合产量。

初生的幼叶自展叶以后，就有了光合作用；当幼叶长到正常叶的1/3大小时，它所制造的营养已能满足自身的需要；随着叶片不断长大，它所制造的光合产物开始向外输送，以满足树体其他部分生长发育的需要。叶片含叶绿素多，光合强度大，墨绿色叶片比淡绿色叶片光合强度大几倍。叶龄增加，光合强度增大，但到达一定叶龄后，则随叶龄增大而降低。黑果枸杞叶片长至最大时光合能力最强。黑果枸杞的叶片比较耐低温冷冻，一般不像其他果树，温度降到一定程度，叶片功能迅速衰退，变黄脱落，而是当温度降至零度以下，叶柄产生离层直接脱落。如果在生产中发现叶片发黄，干枯脱落，要及时查找原因，因不正常落叶对树体损伤极大，要尽力防止其发生。

要实现黑果枸杞优质高产的目的，最主要的是既要使黑果枸杞有最大的叶量，又要使每片叶片处于良好的光照条件下，以截获并利用最多的光能。而这需要在其他措施配合下，运用正确的整形修剪措施，使黑果枸杞和黑果枸杞园具有良好的个体结构和群体结构才能做到。

第二节　黑果枸杞整形修剪

整形修剪技术泛指通过改变地上部分枝、芽的数量、位置、姿态等，以使黑果枸杞形成合理的树形结构，调整并平衡生长与结果的关系。合理的修剪，可以培养牢固的树冠骨架，增强负荷能力；可以建造合理的个体和群体结构，改善通风透光条件；可以合理分配和利用树体内的水分和养分，提高黑果枸杞生理活性；可以协调黑果枸杞地上部分和地下部分、生长和结果、衰老和更新的关系，从而有助于黑果枸杞达到早产、优质、高产、高效和便于管理的目的。

一、黑果枸杞整形修剪概述

（一）基本概念

整形修剪是管理措施中最为关键的技术措施。整形是通过剪截培养丰产树形——“基础开心形+疏散分层式”。修剪是在整形的基础上,，为继续保持优良树形和更新结果枝而采取的剪截措施。幼龄树以整形为主，结合进行树冠枝条的选留和部分结果枝的更新。成年树以修剪为主，同时进行树冠的充实、调整工作。

（二）主要特点

整形修剪过程中，对有中央领导干的树体，在干基处萌发的大量枝条中，选取5—7枝，予以保留，培养成结果枝。并且在中央领导干上依次培养三层主枝。第一层主枝距离地面40—60 cm，培养5—6个主枝；第二层主枝培养4—5个主枝；第三层培养3—4个主枝。第一层与第二层、第二层与第三层之间的层间距分别为40—50 cm和30—40 cm，并在各主枝上培养结果枝组进行结果。

（三）整形方法

整形修剪的主要目的是保持树杆垂直、侧枝分布均匀，从而利于通风透光和减少水分蒸发，以实现优质高产。修剪时，其修剪量依据不同树龄要求而有所不同。黑果枸杞采用单杆整枝，一般树体长至40 cm高时留侧枝，可进行疏枝，短截去干枝或部分枝，去除枯病枝、过密枝，对于过长的枝条可剪去1/3—1/2。修剪时要注意分枝点的高度，树冠可和红果枸杞一样修剪成“自然半圆形”“二层楼形”或“三层楼形”，短截时应保持外低内高。

二、修剪方法

（一）截剪

剪去一个枝条的一部分，称短截。按剪截的程度可划分为轻、中、重三级。其中，只剪去枝条的1/3部分称轻短截，剪去枝条的1/2部分称为中短截，剪去枝条的2/3部分称重短截。正确运用截剪，可以根据需要促进分枝，复壮树势。

（二）疏剪

即把一个枝全部剪除。疏剪可以使营养物质均匀分配至剪口以下各个部分，促进下部新芽的萌发生长，尤以对同侧下部芽促进较大。疏剪是在休眠季修剪时常用的方法，也是在生长季修剪时常用的方法，如徒长枝多采用疏剪方法。

三、修剪季节及主要修剪任务

传统的黑果枸杞的修剪季节分为三次，即春季修剪、夏季修剪和秋季修剪。修剪的重点在于秋季修剪和春季修剪，其中，秋季修剪又承担着整形和修剪两大任务。现代修剪季节的划分也是三次，即春季修剪、夏季修剪（又叫生长季修剪）和冬季修剪（又叫休眠季修剪），修剪的重点在夏季修剪和冬季修剪。

（一）冬季修剪

在冬季黑果枸杞落叶以后至春芽萌动前进行。冬季修剪时，营养物质已大部分转运至根、主干和大枝中保管，因此修剪时损失的养分较少。冬季修剪后，地上部分芽数量减少，早春萌芽时，剪口以下部分芽所获得的水分和养分相对增加，因此一般其萌芽能力会有所增加，是常规修剪的主要时期。此次修剪承担着整形和修剪的双重任务。

冬季修剪是黑果枸杞一年中最关键、最彻底的一次修剪。冬季修剪的修剪原则是“修横不修顺，去旧要留新。密处来修剪，缺处留壮枝。清膛截底修剪好，树冠圆满产量高”。冬季修剪的修剪顺序：

1. 清基：修建时将黑果枸杞根部生长的萌蘖徒长枝全部清除干净。

2. 剪顶：凡是超过预留高度，在冠顶上生长的直立枝和强壮枝，都要进行疏除或短截，以维持所需的高度。

3. 清膛：是整个冬季修剪的重点。经过一年结果以后，初结果期黑果枸杞在树冠上有许多影响树冠延伸的强壮枝和徒长枝；成龄黑果枸杞在冠层内有许多堵光、影响树势平衡的大中型强壮枝组和徒长枝。它们是清膛的重要对象，采用的方法以疏剪为主，短截为辅。通过清膛修剪，清理出清晰的层次。清膛的第二个对象是清除植株膛内的串条，以及不结果或结果很少的老弱病残枝条，使树冠枝条上下通畅。

4. 修围：经过清膛修剪以后，整个树冠骨架基本清晰。初结果期黑果枸杞一般很容易出现冠层强弱不均或者某一位置缺主、侧枝的情况。修围工作就是利用外围强壮枝，通过短截的方法，解决冠层强弱不均，冠层缺主、侧枝的问题和扩大树冠。成龄黑果枸杞就是对各冠层的果枝进行去旧留新的修剪。疏剪的主要对象是老弱枝、横条、病虫枝、伸出树冠的结果枝组和过密枝。短截的主要对象是有空间的强壮枝和部分中庸结果枝。修剪后要求各层分明，每一层冠幅枝条疏密分布均匀，有一定的距离，通风透光良好。在枝条的取舍上，根据栽植的密度、肥力水平，因树修剪。对于优质高产成龄黑果枸杞树，修剪后结果枝数量以每亩2.7万—3.5万为宜。

5. 截底：修围工作结束后，有的枝条仍接近地面，影响下一年生产，需要对距地面高度小于35 cm的枝条进行短截。

（二）春季修剪

在萌芽后到展叶前进行，主要任务是弥补冬季修剪不足和剪除果树枝干尖。

（三）夏季修剪

夏季修剪由于时间跨越春、夏、秋三季，更准确的叫法应该是生产季修剪，是黑果枸杞整形修剪的又一次重点修剪。黑果枸杞枝条顶端优势极为明显，在整个生产季节中根部、主干、骨干枝的最高处，都会生长出徒长枝。这些徒长枝由于着生部位特殊，生长速度快，但叶片小而薄，不能自养，要消耗大量的有机与无机养分。在生长季的首要任务就是及时疏除徒长枝，保证留下的枝条能获得较多的养分。一般相隔8—10天进行一次。另外，对于生长季前期生长位置相对居中的徒长枝，如果需要再培养新树冠，可以通过短截的方法，培育出新的冠层。生长季时修剪的另一对象就是强壮枝。初结果期黑果枸杞的强壮枝多着生在主干上，与主枝的夹角小，是用来培养骨干枝的主要对象。通过多次的短截，可以迅速扩大树冠，形成大量的结果枝条，是实现早产丰产的主要手段。盛果期黑果枸杞的强壮枝一般着生在骨干枝较高的位置，获得养分和水分的能力很强，通过及时地疏除、摘心、短截等措施，充分利用有限的空间，增加结果枝条，拉长采果时间，实现剪去无用枝、改造中间枝、增加结果枝的目的。

第七章　黑果枸杞果实的采摘与制干

第一节　黑果枸杞果实采摘

黑果枸杞果实小，浆汁丰富，只能靠人工采摘。人工采摘能确保枸杞品相完好，质量上乘。

黑果枸杞果实在6—9月陆续成熟，应适时采摘。当果实由绿色变成紫黑色，果实松软时即可采摘。若采摘过早，则果不饱满，干后色泽不鲜；若采摘过迟，则果实过度发育，采摘时易烂果，从而影响品质。黑果枸杞适宜在晴天采摘，采摘时轻拿轻放，并连同果柄一起摘下。否则，果汁流出会影响其内在品质。采回的果实应立即薄摊于果栈上，厚度不超过5 cm，自然晾干水分后再进行加工。

第二节　黑果枸杞果实制干

经质检员验收合格的枸杞鲜果进行清洗、脱蜡。

一、传统制干方法

铺栈：果栈应干净无污物，果实厚度应保持在1.5—2 cm，与果栈沿边齐平，每栈铺枸杞5 kg。晾晒场的要求：枸杞晾晒场地周围50 m内不得存有杂物等污染物；每天晾晒之前对场地进行清扫，并用300 ppm的次氯酸钠溶液喷洒消毒，待消毒液挥发至无异味时方可进行晾晒；晾晒过程中应观察天气变化，及时对晾晒的枸杞进行遮掩、防护或搬送至库房，防止风尘或雨淋造成的污染。

二、真空冷冻干燥的制干方法

该方法以速冻的手段使枸杞所含的水分冻结，再通过高真空将冰晶迅速升华为水蒸气而除去。具体冷冻干燥过程：鲜果经浸泡、清水冲洗后，沥干水分，先将其速冻到−30 ℃，减压到30 Pa，使其含水率小于5%后，再进行升温（小于70 ℃），然后在恒压保持20 h，最后密封保存，即采用充氮气包装，防止枸杞吸潮。

采用真空冷冻干燥技术冻干枸杞鲜果，最大程度保留了枸杞鲜果的营养成分，使干果外形与鲜果基本接近，且复水后外形和口感与鲜果基本一致；在抽真空干燥过程中，大量的实验总结出，在不同温度下，配合不同的升温速度和真空度，可有效解决目前无法保证枸杞子的外观形状和色泽的问题，且大大降低了冷冻干燥的能耗。此外，原花青素经高温会分解，采用真空冷冻技术可在瞬间降低温度，使温度不超过60—70 ℃，保证活性。加工过程中，由于黑果枸杞容易破碎，鲜果经过0 ℃的迅速降温后，果实变硬，易于清洗、拣选。

三、热风烘干的制干方法

热风烘干是在烘箱或干燥室内吹入热风使空气流动加快的干燥方法。干燥室陈列有热风管、鼓风机等，燃烧室内以煤作热源，热风由热风管输入室内，由于鼓风机的作用，热风对流以使温度均匀，余热由热风口排出。

具体方法：建烘干房，长20 m，高4 m，连接热风炉。烘道与热风炉由鼓风机连接，将热风炉产生的热量由鼓风机送入烘道。温度严格把控，经24 h可烘干黑果枸杞果实。

制干后的黑果枸杞在进入市场之前，需经过人工拣选、金属探测、分级包装等步骤后，方可达到市场准入的要求。

第八章　宁夏枸杞病虫害监测与预警系统

宁夏枸杞病虫害监测与预警系统依托地理信息系统（GIS）、遥感（RS）、全球定位系统（GPS）、物联网（ToT）、移动互联网、数据库等现代农业信息技术，主要包括枸杞病虫害监测预警信息平台建立、枸杞种植区域数据库建设、枸杞病虫害智能移动采集系统研发、枸杞病虫害监测发布系统研发。系统实现了宁夏枸杞空间分布精准化和可视化管理、病虫害定位无线网络化采集、病虫害实时动态监测与早期预警，对枸杞病虫害监测预警形成现代化的网络一体管理支持，从而实现了枸杞病虫害的“早预防，早发现，早防治”，保证枸杞病虫害监测预报和及时发布，以做好枸杞病虫害防治工作，为宁夏枸杞产业持续健康稳定发展提供有力的保障。

第一节　总体框架结构

根据宁夏枸杞病虫害监测与预警的需要，依托宁夏枸杞病虫害监测管理技术规范和工作流程，采用面向服务的体系结构（SOA），对系统分层设计，建立 5 个层次，包括基础软硬件环境层、数据层、服务层、应用层、用户层。系统总体框架结构如下图所示。

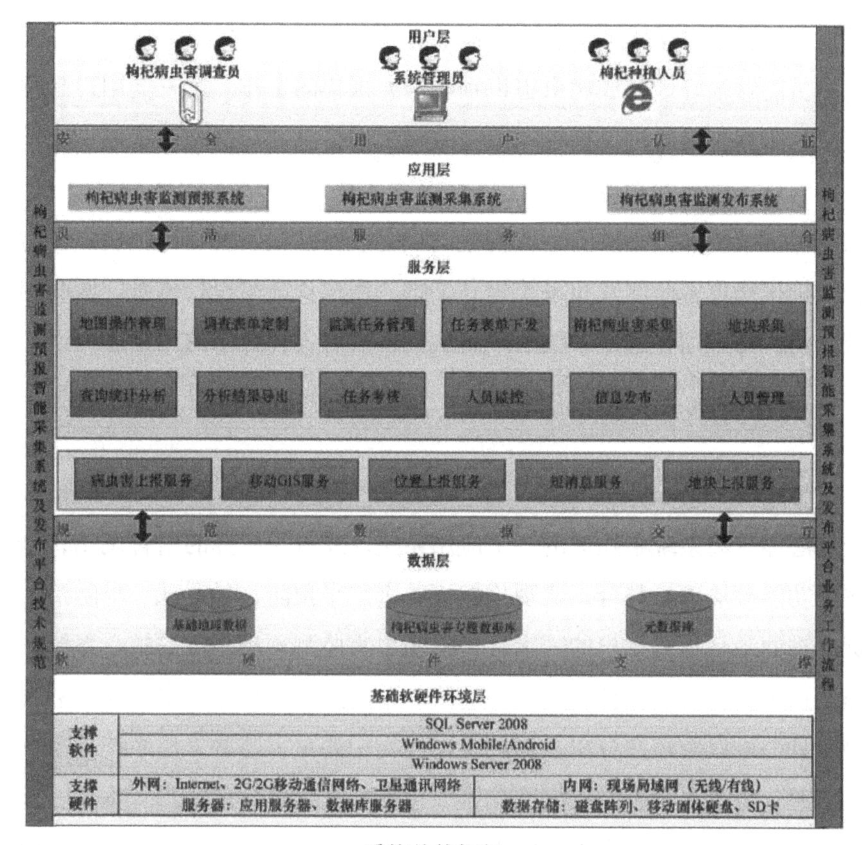

系统总体框架

一、用户层

根据不同的业务需求，从使用环境上将用户分为系统管理员、枸杞病虫害监测员、枸杞种植人员三类。第一类用户是系统管理员，负责通过系统管理整个枸杞病虫害监测、预报、发布的全部流程，是系统的核心用户。第二类用户是枸杞病虫害监测员，负责在枸杞种植园区采集枸杞病虫害发生的监测信息，并上报到枸杞病虫害监测预报系统中，这类用户提供系统业务数据。每个枸杞病虫害监测员负责10个监测网点，即大约130 hm^2的监测面积。他们大多是具备一定农业知识的人员，具有较为丰富的枸杞种植和病虫害防治经验。在每年的病虫害测报期之前，省、市、县农业技术推广单位会组织枸杞种植专家和研究人员对所有监测员进行培训，给他们传授枸杞主要病虫害的识别方法、发生规律和调查采集方法，并提供纸质和电子培训材料。丰富的经验积累和专业的培训保证所有枸杞病虫害监测员能够很好地完成病虫害识别和信息采集的工作。第三类用户是枸杞种植人员，这类用户通过浏览枸杞病虫害监测预报信息发布网站，获取枸杞病虫害监测预报信息，指导枸杞生产。

为了保证系统和数据的安全，枸杞病虫害监测预报系统、枸杞病虫害监测采集系统及枸杞病虫害监测发布系统建立了统一用户认证与授权体系。所有用户进入系统之前，都必须先通过系统的严格认证，只有符合要求的用户才可以访问到系统的功能和数据。

二、应用层

应用层体现为系统中建成的三个应用系统，通过对服务的组合调用，分别对系统各个功能模块进行整合，实现枸杞病虫害“早预防，早发现，早防治”的业务目标，进而满足不同用户的需求。枸杞病虫害监测预报系统是核心系统，负责整个监测预报流程——从枸杞病虫害监测表单的定制到枸杞病虫害监测数据的专家模型统计分析以及最终分析数据的导出。枸杞病虫害监测采集系统是系统业务数据的来源，负责采集不同枸杞病虫害（包括枸杞蚜虫、负泥虫、木虱、瘿螨、锈螨、蓟马等）的监测数据，在线上将数据报到枸杞病虫害监测预报系统中。调查员采集系统定位、采集各种枸杞病虫害数据、上报定位信息，采集系统以应用程序的形式部署在手持智能设备上。枸杞病虫害监测发布系统是面向枸杞种植人员和公众的信息发布平台，对通过枸杞病虫害监测预报系统得到枸杞病虫害监测预报相关的数据、图表进行发布，以供广大枸杞种植人员在浏览器上以网页的形式访问。

三、服务层

服务层是枸杞病虫害监测预报智能及发布平台的核心，根据系统设计的需要，将服务层分为基础服务和应用服务两层。基础服务为系统提供公共服务支持，且便于扩展；应用服务是在基础服务之上根据业务需求对系统用户提供的应用功能支持，主要目的是通过灵活的功能组合实现多样的业务目标。

（一）基础服务

基础服务为应用服务提供公共服务支持，其特点是功能相当独立，便于扩展。本系统的基础服务主要包括病虫害上报服务、移动GIS服务、位置上报服务、短消息服务。

病虫害上报服务为调查员采集的枸杞蚜虫、木虱、负泥虫等枸杞病虫害监测数据提供一整套标准的上报服务接口，部署在智能设备上的枸杞病虫害监测采集系统调用病虫害上报服务将监测的数据上报到系统数据库中。病虫害上报服务采用标准化接口，支持对不同枸杞病虫害种类进行扩展。

移动GIS服务主要提供可视化地图数据、移动数据采集、GPS个人定位等与移动终端相关的工作。

位置上报服务采用标准化接口规范提供的GPS定位信息，再由监测采集系统通过位置上报服务将GPS定位信息上报到系统中。

短消息服务主要提供短信息支持，将通知或任务要求以短信息的方式发送到现场各终端调查仪。

地块上报服务主要提供地块数据信息，将各个地块的所有数据信息上报到系统数据库中，便于调查员分析统计。

（二）应用服务

根据业务需求，应用服务可以抽象为多个应用服务：

1. 地图操作管理：提供地理信息、地图数据和枸杞病虫害业务数据的显示、操作、选择和量算、删除等功能；

2. 调查表单定制：提供枸杞病虫害监测表单的制作和管理功能，管理定制枸杞蚜虫、负泥虫、瘿螨、锈螨、蓟马、炭疽病、白粉病等病虫害的监测表单、属性信息和约束条件；

3. 监测任务管理：提供枸杞病虫害监测任务的增加、删除和修改功能；

4. 任务表单下发：提供监测任务及表单的下发功能，并向终端调查仪发送任务短信通知；

5. 枸杞病虫害采集：提供枸杞病虫害监测信息的采集，包括采集位置点的GPS定位信息，病虫害的发生情况及调查时间记录、病虫害照片拍摄等功能；

6. 地块采集：提供地块数据信息，包括地块的位置、地块的面积、种植品种、地块的土壤成份、地块坡度及水分状况等；

7. 查询统计分析：提供枸杞蚜虫、负泥虫、瘿螨、锈螨、蓟马、炭疽病、白粉病等各类常见病虫害统计分析，根据用户需要提供高级自定义查询功能，提供专家模型分析监测数据，提供病虫害照片查询与显示，辅助监测预报；

8. 分析结果导出：以表格、图片等多种样式展示统计分析结果，并提供Excel、图片等多种形式以导出保存；

9. 任务考核：以按区域、按人员、按表单等多种形式统计调查员采集数据的情况，考核调查员完成工作的进度和质量；

10. 信息发布：将枸杞病虫害监测预报系统分析出的监测预报信息和枸杞种植知识要点等信息以网页的形式进行发布；

11. 人员管理：提供系统用户和枸杞病虫害调查员信息的增加、删除、修改批量导入等管理功能。

四、数据层

数据层为整个系统提供数据支撑，主要对接服务层，主要包括基础地理数据、枸杞病虫害专题数据库、元数据库这三大类数据。基础地理数据主要是宁夏枸杞种植片区的基础地理数据、枸杞种植区划数据。枸杞病虫害专题数据库包括枸杞木虱、蚜虫、负泥虫、蓟马、红瘿蚊、实蝇、锈螨等枸杞病虫害业务数据。元数据库包括系统日志、枸杞病虫害模板、设备管理、系统管理等数据信息。

五、基础软硬件环境层

基础软硬件环境是整个系统运行的基础，软件环境主要包括操作系统、数据库、地图处理工具、GIS。硬件环境主要包括服务器、智能终端采集设备、无线通信设备。服务器包括应用服务器、Web服务器和数据库服务器。

第二节　系统主要功能

宁夏枸杞病虫害监测与预警系统分为枸杞病虫害监测预报系统、枸杞病虫害监测采集系统和枸杞病虫害监测发布系统。系统的主要功能模块如下图所示。

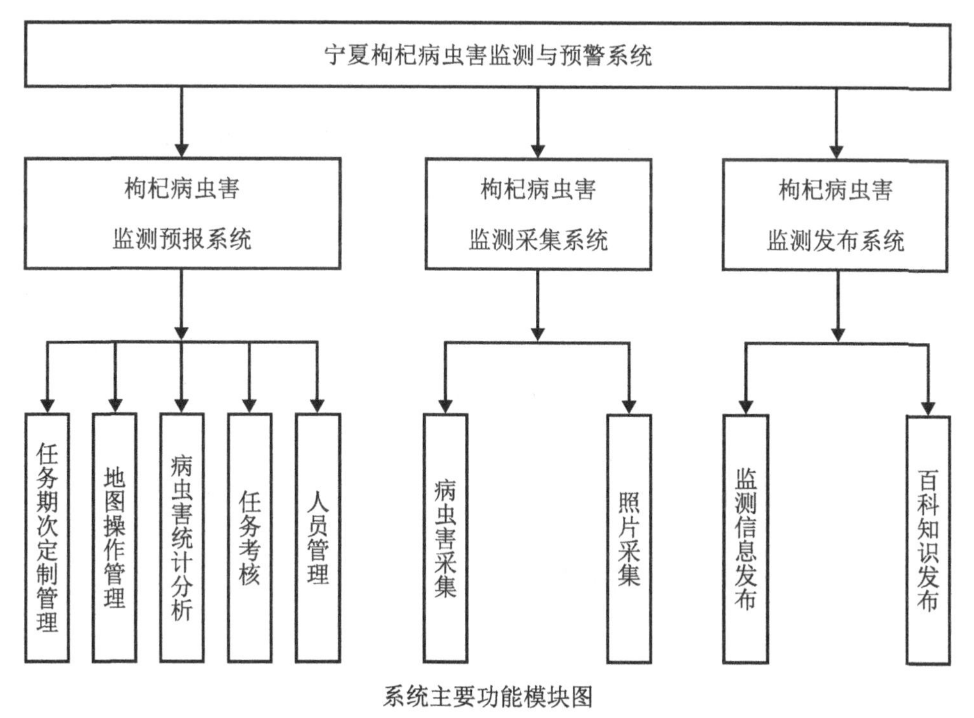

系统主要功能模块图

一、枸杞病虫害监测预报系统

1. 任务期次定制管理

根据枸杞病虫害发生的实际监测情况，动态配置当前的监测作任务分期情况，动态配置病虫害监测数据调查表。

2. 地图操作管理

按照区域和任务期次加载显示枸杞病虫害监测点、枸杞病虫害监测数据，提供电子地图放大、缩小、漫游、全幅、选择、测量等功能。

3. 病虫害统计分析

对基层调查员上报的宁夏枸杞病虫害数据，按照不同监测表单、作物、病虫害等自定义条件进行查询统计，分析病虫害发生情况，进行枸杞病虫害预报、预警。

4. 任务考核

以监测点调查员上报的数据为依据，对全区每个调查员在监测期间的任务完成情况进行客观的考核评分，并用不同颜色标示区别，便于直观查看。

5. 人员管理

对系统使用人员、权限等进行增加、删除和修改等管理操作，支持用户基本信息和调查员信息的增加、删除和修改。

二、枸杞病虫害监测采集系统

调查员接收到监测任务，借助安卓（Android）智能终端，对枸杞园区的枸杞病虫害发生情况进行采集填报，在采集过程中系统会自动获取当前的GPS位置，调查员还需拍摄现场照片，进行数据有效性检查，以保证上报数据准确规范，并将信息上报到监测预报系统。

三、枸杞病虫害监测发布系统

枸杞病虫害监测发布系统用于枸杞监测信息和农业百科知识的信息发布，包括工作通知、农业相关知识，枸杞病虫害发生情况、发生动态、发生预报和病虫害防治方法等内容。信息由管理员在中心网站进行发布，各级农业相关单位、基层调查员和广大种植农户可以根据访问权限查看。

第三节　系统应用情况

一、运行成果

基于宁夏枸杞病虫害监测与预警系统，目前已建立了枸杞规模化种植区域数据库和病虫害监测预报平台，实现了八大枸杞种植示范区空间数据和属性数据的数字化，实现枸杞病虫害的精确定位、即时采集、实地表单填写、实时上传、照片采集、新病种上报，实现枸杞病虫害自动按照病虫害种类、树种、监测点、任务统计，以及自动展示图表、导出数据，实现在互联网上发布枸杞病虫害监测预报信息。在枸杞生长监测期，参与上报的监测点达到178个，取样枸杞树达到1652株，总计上报记录为99 120条。

二、技术成果

宁夏枸杞病虫害监测与预警系统采用移动互联网技术，结合GIS、RS、专家系统等现代农业信息技术，在数据采集端，基于Android平台和移动GIS组件，病虫害监测采集系统综合集成枸杞种植区地图、影像、表单、文档、图像等多源信息，具有GPS精确定位采集、路径记录、智能选择、填写方便、自动计算、数据核实、实地拍照等功能，保证了数据采集的真实性、准确性、及时性、可靠性和可比较性，彻底解决了以往采用表格填写的方式进行数据采集时存在的无实地定位信息、无实地采样图片、无自动计算核准数据等问题。在数据传输方式上，病虫害监测采集系统采用无线移动互联网技术，实现了上传、下载的实时双向传输。

在数据分析处理方面，系统采用Web GIS和云遥感技术，全面集成基础地理信息、遥感影像、枸杞区域分布空间数据库、枸杞病虫害专题数据库、视频、文档、表格等各类数据，以地图可视化的方式，实时、动态、准确地监测病虫害发生情况，同时以统计表、柱状图、饼状图、曲线图等多种形式展现统计分析结果。建立基于历史数据的预警模型，将其分为短期、中期、长期三个时段，可自动预测预报病虫害区域性发生发展趋势，并以地图可视化的方式显示，同时给出预防措施。

三、经济效益

首先，移动采集系统的应用可极大地提高数据采集效率，减少采集人员及物资投入，与填写表格、实地采集的常规方式相比，应用枸杞病虫害监测采集系统进行数据采集的人工投入费用可减少三分之二；其次，通过实时监测结果和防治措施的发布，种植企业和农户将及时、科学地防治枸杞病虫害，并可根据病虫害发生程度和分布区域，减少农药喷施量，实现精确防治和科学防治，实现枸杞安全生产，提高枸杞质量，降低生产成本，提高产量与效益；最后，通过枸杞病虫害预警信息的发布，种植企业与农户可提前采取预防措施，防止病虫害区域性蔓延，避免不必要的经济损失，降低防治费用投入，增加经济效益。

宁夏枸杞病虫害监测与预警系统在中宁19个枸杞规模化种植企业的4000 hm^2枸杞种植基地推广，年度节本增效约1000万元人民币，其中2016年枸杞盛果期干果平均产量达到300千克/亩。宁夏枸杞病虫害监测与预警系统的使用促进了对蚜虫、木虱、红瘿蚊等病虫害关键防治期的有效把握，极大地降低了采果期的农药用量和成本，每亩可减少化学农药使用量达5.6 kg，且枸杞产品质量符合出口标准要求。

四、社会效益

宁夏枸杞病虫害监测与预警系统的实施带来了巨大的社会效益。一是通过及时、准确地发布监测预警信息和防治措施，枸杞病虫害防治农药使用量大幅度减少，使得防治措施进一步科学合理化，从而保证枸杞生产的安全性；二是系统的使用培训及发布的信息，推动枸杞种植企业和农户学习科学、应用科学的积极性，对提高农户的文化素质和科学素质具有很大的推动作用；三是减少农户种植枸杞时的劳动力投入，更多的劳动力从农业生产中解放出来，有利于城乡一体化及城镇化发展；四是推动农业信息化普及，引领现代农业发展方向；五是推动了精准农业和数字农业的发展，引领了智慧农业的发展方向。

第九章　宁夏枸杞病虫害监测与预警系统的应用

宁夏枸杞病虫害监测与预警系统的实施对宁夏枸杞产业化发展具有重要的推动作用，是引领宁夏枸杞提质增效的利器，是实现宁夏枸杞现代化种植的重要手段，对宁夏枸杞病虫害区域化、网络化防治产生十分重要的影响。系统的研发应用不仅对宁夏枸杞病虫害监测预警具有重要的作用，而且对宁夏其他粮食作物、经济作物，乃至林业和草原病虫害的监测预警都具有重要的示范带动作用，应用前景广阔。

第一节　黑果枸杞病虫害监测预报

一、建立规模化种植区域空间数据库和属性数据库

属性数据库和空间数据库是病虫害监测预报信息采集发布的基础地图和GIS展示平台。采用RS、GIS、GPS技术，建立了枸杞种植区域空间数据库和属性数据库，具体覆盖某指定枸杞基地2000亩（主要为黑果枸杞）。空间数据库比例尺为1：10 000万精度，坐标系为1980西安坐标系。空间数据库包括了地区坐标，枸杞种植地块空间位置分布，主要沟、渠、路位置分布，及其拓扑关系。属性数据库包括各枸杞种植地块的土地权属（宗地）、枸杞种植品种、种植时间、灌溉方式。属性数据库和空间数据库通过将种植地编号并连接其字段，构成枸杞病虫害监测预报的基础地理信息。在2000亩示范推广核心区建立黑果枸杞病虫害监测点20个，定期发布黑果枸杞病虫害预测预报，便于对黑果枸杞病虫害进行防控。

二、建立病虫害数据库

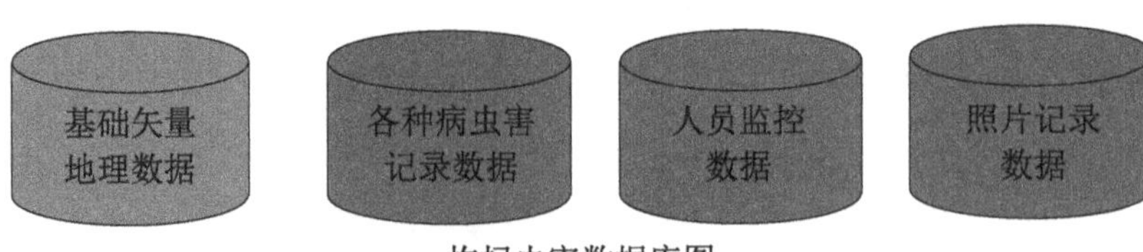

枸杞虫害数据库图

三、建立 GPS 枸杞病虫害定位监测和数据传输系统

GPS枸杞病虫害定位监测和数据传输系统具有选择监测位点、新建采集点、选择枸杞树及枝条、采集病虫害发生数据、拍摄照片、上传数据等信息的功能。通过GPS结合枸杞种植区域数据库，实现了精确定位监测；以指定黑果枸杞基地的枸杞树和枝条为采集单元，每个监测点定株定枝，严格按照取样规范和标准取样；在采集过程中只填写已有的信息，没有的统一赋值，可提高采集效率；发现新的病虫害可实时拍照上传，由专家判别，及早采取靶向防控措施；实现了数据实时采集上报。

四、建立病虫害监测预报平台

基于Windows Server平台，采用C#语言，应用GIS技术，以指定黑果枸杞基地为主，设计开发枸杞病虫害监测预报平台。病虫害监测预报平台综合集成基础地理信息、枸杞专题数据库，能自动接收移动采集系统上传的数据，并具有数据甄别、存储、统计、分析、报表、发布等功能。具体内容如下。

枸杞病虫害监测预报系统：主要提供枸杞病虫害监测数据统计、专家系统分析、辅助决策、数据导出等功能，具体模块有分类分析、综合分析、枸杞种植统计、照片管理、人员监控、任务统计、地图浏览。

枸杞病虫害智能采集系统：主要提供枸杞田间病虫害数据采集功能，同时，具有枸杞种植信息采集、轨迹上报等功能，主要模块包括病虫害采集、种植地块采集、任务采集、待传数据、历史数据、轨迹上报、GPS信息。

枸杞病虫害数据管理系统：主要为枸杞病虫害智能采集系统提供监测表单定制、下发任务和通知、管理整个系统人员信息，具体模块有人员管理、表单管理、任务管理、统计分析、调查员考核、信息通信等。

枸杞病虫害监测信息发布平台：适时发布枸杞监测预报系统统计分析出的枸杞监测、预报、防治信息，同时发布枸杞种植的文化知识、新闻报道等相关信息。

五、制定枸杞病虫害监测预报及防控方案

（1）于第1年7月18日—21日，开展黑果枸杞种植标准化示范园枸杞病虫害监测预报工作。监测表明，部分地块枸杞瘿螨、白粉病达到防治指标，但其他种类病虫害均未达到防治指标。今后需要加强监测和防治。建议对高于防治指标的区域立即采用高效、低毒、低残留的替代化学药剂进行防治，对低于防治指标的区域采用生物药剂进行虫口数量的控制，严格执行药剂安全使用剂量和安全间隔期。

防治方案：2.5%吡虫啉可湿性粉剂2000倍+5%阿维菌素乳油5000倍+15%哒螨灵乳油1500倍（安全间隔期14天）。

（2）于第2年5月17日—21日，开展黑果枸杞种植标准化示范园枸杞病虫害监测预报工作。监测表明，部分地块枸杞瘿螨达到防治指标，其他种类病虫害均未达到防治指标。建议在采果前期采取有效防控措施，降低虫口基数，降低采果期病虫害防治压力，保证产品质量安全。防控措施如下：

①采果前10天的防治。采用高效、低毒、低残留的替代化学药剂进行防治，对低于防治指标的区域采用生物药剂进行虫口数量的控制，严格执行药剂安全使用剂量和安全间隔期。推荐配方：50%吡蚜酮4000倍+15%哒螨灵1500倍+11%乙螨唑4000倍。

②采果期防治。采果期间当虫口数量达到防治指标后，选择纯正，即未添加任何隐性成分的生物药剂进行防治。推荐配方：①0.3%印楝素600倍+印楝油600倍+1.5%除虫菊素800倍；②0.5%苦参碱800倍+1.5%除虫菊素800倍。

第二节　枸杞病虫害安全防控技术

一、建立枸杞病虫害安全防控核心示范基地

采取“科研+推广+基地+农户”的运行机制，充分发挥科技导向和产业部门的推动作用，在某一指定枸杞基地建立2000亩核心示范区。通过重点区域的示范引导作用，以点带面，推广至3000亩枸杞基地和周边种植户。

二、调查枸杞主要病虫害发生规律

（一）红果枸杞蚜虫发生规律调查

表4　红果枸杞蚜虫发生规律调查表

时间	5月4日	5月16日	6月6日	6月11日	7月7日	7月28日	8月11日	8月23日	9月5日	9月16日
若蚜（头/枝）	0.14	0	1.22	4.01	17.06	6.96	12.7	15.34	5.94	4.2
有翅蚜（头/枝）	0.06	0.006	0.006	0	0	0	0	0	0	0

该基地5月份偶有发现蚜虫。6月份起，随着温度的升高，蚜虫虫口基数上升，在7月份达到最大。经调查，7月7日蚜虫虫口平均达到17.06头/枝，经打药防治，蚜虫数量快速下降，据7月28日监测数据显示，平均为6.96头/枝。8月份，即夏果采摘结束之后蚜虫数量复起，经防治，于9月份得到明显控制。

（二）红果枸杞木虱发生规律调查

表5　红果枸杞木虱发生规律调查表

时间	3月29日	4月1日	4月6日	4月13日	4月18日	4月23日	5月4日
卵（粒/枝）	0	0	0	0.973	0.826	0.04	0.04
成虫（头/枝）	1.74	2.72	1.23	0	0	0	0

该基地木虱发现早，但并未构成威胁，自4月2日打药防治后，全年木虱虫口数量极少，虫情指数始终在1以下。在5月份之后，全园无木虱成虫活动迹象。

（三）红果枸杞瘿螨发生规律调查

表6　红果枸杞瘿螨发生规律调查表

时间	4月18日	4月23日	5月4日	5月16日	6月6日	6月11日	7月7日	7月18日	8月11日	8月24日
虫情指数	0.03	0.02	0.02	1.7	0.27	0.34	0.03	0.05	0.5	0.41

瘿螨发生动态图

枸杞瘿螨自4月份发现，至5月份达到防治高峰期。经防治后，于8月份虫口基数有复起，但在防治范围之内。防治后的虫情指数始终在1以下，对生产无影响。

（四）黑果枸杞病虫害发生规律调查

表7　黑果枸杞病虫害发生规律调查表

时间	4月6日	4月14日	4月22日	5月12日	9月26日
木虱（成虫）	2.11	0.073	0.1	0	0
木虱（卵）	0	0.32	0.733	0	0
负泥虫（卵）	0	0	0	1.12	0
负泥虫（成虫）	0	0	0	0.093	0
瘿螨	0	0	0	0	0.11

黑果枸杞病虫害发生程度较轻，于4月份有木虱成虫、木虱卵，经打药防治

后，已彻底清除。此后再无病虫害。

三、枸杞蚜虫防治田间药效试验

分析印楝素、印楝油、印楝素+印楝油、苦参碱、除虫菊素、怀农特、短稳杆菌、吡虫啉（水分散粒剂）对枸杞蚜虫的田间防治效果及这些药防治效果的差异，为以后枸杞基地在蚜虫防治方面提供理论依据。

试验地设在指定枸杞示范地，其蚜虫发生量达到防治指标，且前期没有用过任何防治蚜虫的药剂。

（一）材料与方法

1. 试验药剂

印楝素、印楝油、印楝素+印楝油、苦参碱、除虫菊素、怀农特、短稳杆菌、吡虫啉（水分散粒剂）、清水。

表8　枸杞供试药剂试验设计

处理用药	药剂使用倍数
清水	——
印楝素	600倍
印楝油	600倍
印楝素+印楝油	印楝素600倍，印楝油600倍
苦参碱	600倍
除虫菊素	800倍
怀农特	1000倍
短稳杆菌	500倍
吡虫啉（水分散粒剂）	8000倍

注：每种药剂3个重复，每个重复选4枝有蚜虫的枝条。

2. 施药方法

叶面喷雾法，使用背负式手压喷雾器于6月14日施药，共施药一次。

3. 调查方法、时间和次数

于施药前和施药后3天、7天进行防效调查，时间分别是6月14日、6月17日、

6月21日，共调查3次。每次调查重复3次，每次重复调查4枝有蚜枝条，记录蚜虫虫口数量，计算虫口减退率及防治效果。

药效计算方法如下：

虫口减退率（%）=（施药前活虫数–施药后活虫数）/施药前活虫数×100；

防治效果（%）=（PT–CK）/（100–CK）×100。

其中，PT为试验处理区虫口减退率，CK为对照区虫口减退率。

（二）结果与分析

表9　枸杞蚜虫防治田间药效试验结果

处理用药	药后3天			药后7天		
	防效（%）	差异显著性		防效（%）	差异显著性	
		5%	1%		5%	1%
印楝素	57.22	e	D	37.08	de	CD
印楝油	57.71	e	D	28.46	e	CD
印楝素+印楝油	89.35	ab	AB	67.1	bc	AB
苦参碱	98.66	a	A	83.91	ab	A
除虫菊素	72.73	cd	BCD	35.72	de	CD
怀农特	83.7	bc	ABC	54.18	cd	BC
短稳杆菌	65.37	de	CD	19.79	e	D
吡虫啉（水分散粒剂）	98.43	a	A	89.91	a	A

注：上表中的防效（%）为各重复平均值。

采用Excel 2003和DPS数据处理系统软件，用邓肯氏新复极差（DMRT）法对试验数据进行方差分析：

表10　枸杞蚜虫防治田间药效试验方差分析表

处理时间	变异来源	平方和	自由度	均方	*F*值	*p*值
药后3天	处理间	6110.1835	7	872.8834	15.688	0
	处理内	890.2504	16	55.6407	——	——
	总变异	7000.4339	23	——	——	——

续表

处理时间	变异来源	平方和	自由度	均方	F值	p值
药后7天	处理间	14302.3057	7	2043.1865	17.215	0
	处理内	1898.9305	16	118.6832	——	——
	总变异	16201.2362	23	——	——	——

表11　枸杞蚜虫防治田间药效试验结果统计表

试剂	6月14日蚜虫数量	6月19日蚜虫数量（药后3天）			6月23日蚜虫数量（药后7天）		
	若蚜（头/枝）	若蚜（头/枝）	若蚜的虫口减退率（%）	若蚜的防治效果（%）	若蚜（头/枝）	若蚜的虫口减退率（%）	若蚜的防治效果（%）
A 清水	239.00	220.00	7.95	——	177.00	25.94	——
C 印楝素600倍	198.25	62.50	68.47	65.75	82.00	58.64	44.15
	116.50	46.75	59.87	56.41	59.50	48.93	31.04
	114.00	53.00	53.51	49.49	54.00	52.63	36.04
E 印楝油600倍	121.25	51.50	57.53	53.86	62.75	48.25	30.12
	89.50	29.75	66.76	63.89	51.75	42.18	21.93
	241.00	99.00	58.92	55.37	119.00	50.62	33.33
F 印楝素600倍+印楝油600倍	241.00	40.50	83.20	81.74	71.75	70.23	59.80
	181.00	10.50	94.20	93.70	39.75	78.04	70.35
	308.75	21.00	93.20	92.61	66.00	78.62	71.14
G 苦参碱600倍	359.00	5.00	98.61	98.49	25.00	93.04	90.60
	233.75	3.50	98.50	98.37	37.50	83.96	78.34
	251.00	2.00	99.20	99.13	32.00	87.25	82.79
H 除虫菊素800倍	250.00	42.75	82.90	81.42	97.75	60.90	47.20
	281.50	74.25	73.62	71.35	156.00	44.58	25.17
	176.00	56.00	68.18	65.43	85.00	51.70	34.79

续表

试剂	6月14日蚜虫数量	6月19日蚜虫数量（药后3天）			6月23日蚜虫数量（药后7天）		
	若蚜（头/枝）	若蚜（头/枝）	若蚜的虫口减退率（%）	若蚜的防治效果（%）	若蚜（头/枝）	若蚜的虫口减退率（%）	若蚜的防治效果（%）
I 怀农特1000倍	256.00	24.50	90.43	89.60	81.50	68.16	57.01
	273.50	23.25	91.50	90.76	57.25	79.07	71.74
	208.00	56.00	73.08	70.75	102.00	50.96	33.79
J 短稳杆菌500倍	185.00	59.25	67.97	65.21	95.50	48.38	30.30
	123.50	51.25	58.50	54.92	70.00	43.32	23.47
	113.00	25.00	77.88	75.97	79.00	30.09	5.60
K 吡虫啉8000倍（水分散粒剂）	152.25	1.75	98.85	98.75	26.50	82.59	76.50
	179.75	0.00	100.00	100.00	1.00	99.44	99.25
	157.00	5.00	96.82	96.54	7.00	95.54	93.98

四、枸杞病虫害“五阶段”安全防控技术体系

（一）第一阶段：早春清园封园（3月底—4月初）

早春的清园、封园可大幅降低越冬虫口基数，对全年的枸杞病虫害防治工作起关键作用。忽视这一环节往往造成后期病虫害严重发生和难以控制，以致不得不采用化学药剂控制。

1. 彻底清园

从2月底至3月对枸杞树进行修剪，将修剪后的枝条及震落下的残留病虫果，以及园中、田边的杂草、落叶、枸杞根孽苗全部清除干净，带到园外集中烧毁，可明显降低害虫的越冬虫口基数。

2. 全面封园

在4月上旬对枸杞园树体、地面、田边、地埂使用药剂进行全面封园。选用45%石硫合剂100—200倍，或自制石硫合剂5波美度。

（二）第二阶段：采果前期压低虫口基数（4月—5月）

采果前期有效降低虫口数量，可明显减轻采果期害虫防治压力，对于保证基地产品质量安全尤为重要。

1. 农业防治

灌头水后，将枸杞园浅翻一次，每5—7天进行一次修剪，沿树冠自下而上、由内向外，剪除植株根茎、主干、膛内、冠层萌发的徒长枝，做好枸杞园的养护和管理。

2. 药剂防治

选择杀虫剂+杀螨剂的配方，主要针对枸杞瘿螨、木虱和蚜虫进行2—4次防治。

3. 枸杞红瘿蚊、枸杞实蝇的预测预防

于4月上旬淘土预测土壤中红瘿蚊、实蝇的数量和成活率，监测害虫出土期。根据预测预报结果，抓住红瘿蚊和实蝇出土前关键期进行防治。对每亩土地结合灌水施用3%辛颗粒剂2—3 kg，或采取地表覆膜。

（三）第三阶段：夏果期生物药剂与天敌协调控制（6月—8月）

通过加强监测、生物药剂的有效使用、自然天敌的保护利用和人工天敌的释放应用等技术综合防治枸杞病虫害，达到采果期不使用任何化学药剂的目的。

1. 农业防治

每5—7天进行一次修剪，沿树冠自下而上、由内向外，剪除植株根茎、主干、膛内、冠层萌发的徒长枝。灌水后及时中耕除草，按期进行地面追肥和叶面喷施，8月下旬翻土深度15—20 cm，做好枸杞园的养护和管理。

2. 生物防治

采果期选择生物药剂进行病虫害防治，采用性诱剂对枸杞实蝇进行监测和诱捕，释放和保护利用天敌以控制害虫。

3. 物理防治

采用粘虫板、巴氏罐、诱虫灯等进行诱捕。

4. 化学防治

如遇突发情况，某种害虫爆发严重或发生炭疽病等病害，在严格控制安全间隔期的前提下选择低毒、低残留的化学药剂配方进行防治。

（四）第四阶段：秋果期生物农药与化学农药协调控制（9月—10月）

重点防治枸杞瘿螨、木虱、蚜虫等害虫和枸杞白粉病等病害，可选用生物农药和矿物农药进行防治。

（五）第五阶段：越冬封园（10月下旬）

秋季越冬前进行全园药剂封闭，需要用3%辛颗粒剂拌土撒施于树冠下，每亩施用2—3 kg，施药后立即灌水。

在指定枸杞基地，自3月底至9月底红果枸杞防治虫害共计9次，夏果采摘前4次、采摘过程中2次，采摘后1次、秋果采摘前1次，采摘后1次。黑果枸杞防治虫害共计5次，夏果采摘前4次、采摘后1次。全年整体防治效果良好，无突发病虫害，黑果枸杞防治区域全年病虫害发生程度较轻。

表12　枸杞病虫害防治效果对比表

打药次序	时间	若蚜	有翅蚜	木虱成虫	虫口减退率
1	4月1日	0	0	3.92	68.62%
	4月5日	0	0	1.23	
2	4月18日	0	0	0.8	95%
	4月23日	0	0	0.04	
3	5月4日	0.14	0.06	0	100%
	5月16日	0	0	0	
4	6月6日	1.22	0.006	0	−28%
	6月11日	4.01	0.04	0	
5	7月7日	16.38	0	0	59%
	7月28日	6.69	0	0	
6	8月11日	12.7	0	0	57%
	8月23日	5.05	0	0	
7	9月5日	10.1	0	0	68%
	9月16日	3.2	0	0	
8	9月26日	0	0	0	—
	9月29日	0	0	0	—

通过上图可以看出，在防治过程中，蚜虫、木虱防治效果良好。红果枸杞在全年病虫害发生中，以蚜虫最重，瘿螨稍次，在防治过程中，无特殊突发状况，其中7月份蚜虫指数最高，因当时温度升高，而全园其他区域未进行防治，以致于有虫源迁移影响，不利于打药防治，造成药剂不能全部发挥作用。从监测数据显示，枸杞病虫害在可控范围之内，达到了安全防控和增产增效的目的。

第三节　枸杞病虫害监测预报安全防控技术效益

枸杞病虫害监测预报安全防控技术项目结合黑果枸杞（枸杞）害虫系统监测，进行安全防控技术示范和基地建设，不断完善技术体系；通过科技示范基地的技术推广、引领带动、宣传培训等措施，顺利完成项目计划的全部内容，已建成核心示范推广区2000亩，辐射带动区3000亩，培训技术人员50人次，培训农民500人次，极大地促进了黑果枸杞（枸杞）基地安全生产水平的提高，技术到位率达到90%以上。

项目实施三年内，建立了2000亩核心示范区，病虫害综合防治效果达到90%以上，技术应用及辐射示范推广共计5000亩枸杞出口基地和栽培区，保证枸杞出口产品质量达到出口标准。在生产中应用了黑果枸杞（枸杞）病虫害安全防控技术体系应用后，每亩枸杞可节约防治成本170元、可减少化学药剂的使用量2200—3000 mL，共节约防治成本85万元，减少化学药剂用量11—15吨。通过本项目的推动，提升了黑果枸杞（枸杞）病虫害整体防治水平，大幅度降低了化学农药使用次数和用药浓度，减少农药投入，保障了黑果枸杞（枸杞）产品质量安全，实现优质优价，从而提高经济效益。该技术的应用极大地保护了区域生态系统的相对稳定性和生物多样性，维持了生态平衡，减少了农药对种植地区土壤、水体、空气等环境的污染，提高了枸杞产品质量，保证枸杞产业健康、稳定、持续发展，并促进该区域生态和环境的恢复和重建。同时，通过项目的实施，促进

“科研+基地+农户”的农业产业化发展模式的形成，建立科技信息服务体系，大力宣传和创新科研成果，提高枸杞产业的科技含量，对保障产品质量安全、提质增效、推动产业持续发展具有重大意义。此外，随着枸杞产业的深入发展，大大缓解了农村剩余劳动力的就业压力；加快形成了一支稳定的研究枸杞病虫害的专业人才队伍，带动枸杞病虫害持续、高水平的研究。

表13　核心示范区枸杞病虫害防控措施及配套农事操作历

红果枸杞区		
时间	**内容**	**技术要求**
3月20日至3月24日	布置病虫害监测点	采用五点取样法，每块地布置5个监测点，每点取样2株，每株监测5个枝条
3月24日至3月31日	修剪	—
4月1日至4月2日	清园	清除园内枯枝、杂草、其他废弃物等
4月3日	温室平茬，南部区域拉毛管	离地5—8 cm，南部地区毛管间隔10 m
4月2日至4月4日	打药	打药配方：40%毒死蜱水乳剂1000倍液，20%四螨嗪悬浮剂1000倍液，24.5%阿维·矿物油乳油剂800倍液
4月10日	布置新监测点	五点取样法，等面积划分地块，布置6个监测点，每点取样5棵树，每棵树监测5个枝条
4月11日至4月12日	施肥，温室平茬	施肥标准：环状点穴式施肥。施肥配比：测土配方肥2斤/株，有机肥3斤/株，尿素：复合：二胺=1：3：3
4月13日	苗木补植	—
4月15日	育苗棚与温室大棚平茬	平茬高度：离地高度5—8 cm
4月17日至4月20日	栽植新苗	栽植间隔：株距：行距=1：3
4月21日至4月23日	打药	打药配方：40%高效氯氰菊酯1000倍液，炔螨特2000倍液，24.5%阿维·矿物油乳油剂800倍液
5月8日至5月11日	打药	打药配方：30%氯氰氰菊酯·噻虫嗪2000倍，71%吡虫啉3000倍，40%高效氯氰菊酯1000倍，5%阿维菌素乳液4000倍，有机硅4000倍
5月15日至5月20日	灌水	滴灌
5月21日至5月31日	抹芽	抹除抽条、二混枝、横穿枝、背上枝、背下枝

续表

红果枸杞区		
时间	内容	技术要求
6月1日至6月6日	施肥	施肥标准：环状点穴式施肥。施肥配比：测土配方肥2斤/株，有机肥3斤/株，尿素：复合：二胺=1：3：3
6月7日至6月13日	打药	打药配方：吡蚜酮4000倍，喜施4000倍，螺螨酯2500倍，乙基多杀菌素4000倍
6月11日	挂黄板	悬挂间隔：3 m×10 m
6月14日至6月16日	除草	清除行间、树下杂草
6月17日	采果	—
6月26日	采果	—
7月8日至7月18日	打药	SJ植物源药剂450倍，乙唑螨腈3500倍。随后用药：吡蚜酮4000倍，乙基多杀菌素4000倍
8月14日至8月20日	打药	R2植物源药剂500倍，硫磺悬浮剂250倍
9月7日至9月15日	打药	P-500植物源药剂500倍，硫磺悬浮剂250倍
黑果枸杞区		
时间	内容	技术要求
3月20日至3月24日	布置病虫害监测点	采用五点取样法，每块地布置5个监测点，每点取样2株，每株监测5个枝条
4月5日至4月9日	打药	打药配方：40%毒死蜱水乳剂1000倍液，20%四螨嗪悬浮剂1000倍液，24.5%阿维·矿物油乳油剂800倍液
4月10日	布置新监测点	采用五点取样法，分5个监测点，每个监测点上取5棵树，每棵树分五个枝条监测
4月14日	黑果枸杞起苗	—
4月16日	黑果起苗，补植	—
4月23日至4月26日	打药	打药配方：40%高效氯氰菊酯1000倍，5%阿维菌素乳液4000倍，螺螨酯2500倍
5月1日至5月8日	黑果补植	—
5月12日至5月18日	打药	打药配方：40%高效氯氰菊酯1000倍液，炔螨特2000倍液，24.5%阿维·矿物油乳油剂800倍液

续表

黑果枸杞区		
时间	内容	技术要求
6月1日至6月6日	施肥	施肥标准：环状点穴式施肥。施肥配比：测土配方肥2斤/株，有机肥3斤/株，尿素：复合：二胺=1：3：3
6月7日至6月13日	打药	打药配方：吡蚜酮4000倍，喜施4000倍，螺螨酯2500倍，乙基多杀菌素4000倍
6月12日	挂黄板	悬挂间隔：3 m×10 m
6月14日至6月16日	除草	—
7月8日至7月18日	打药	打药配方：SJ植物源药剂450倍，乙唑螨腈3500倍
7月10日	采摘	沿果柄处直接剪下
黄果枸杞区		
时间	内容	技术要求
4月11日至4月12日	施肥	施肥标准：环状点穴式施肥。施肥配比：测土配方肥2斤/株，有机肥3斤/株，尿素：复合：二胺=1：3：3
5月15日至5月20日	灌水	漫灌
6月1日至6月6日	施肥	施肥标准：环状点穴式施肥。施肥配比：测土配方肥2斤/株，有机肥3斤/株，尿素：复合：二胺=1：3：3
6月14日	枸杞蚜虫实验	采用生物药剂防治，每个点位选10个枝条进行监测
6月17日	枸杞蚜虫药后三天调查	—
6月20日	枸杞蚜虫药后七天调查	—
6月22日至6月23日	抹芽	抹除抽条、二混枝、横穿枝、背上枝、背下枝
6月27日	枸杞蚜虫药效实验	—
6月28日至7月6日	枸杞蚜虫药效实验调查	—
7月2日	田间病虫害调查	采用5点取样法进行调查，每点测2棵树，每棵树上选5个枝条
7月3日	田间蚜虫调查	—

续表

黄果枸杞区		
时间	内容	技术要求
7月4日	田间木虱卵调查	—
7月8日	田间木虱卵实验	—
7月9日	喷药防治	—
7月11日	田间施肥	施肥标准：环状点穴式施肥。施肥配比：尿素：复合：二胺=1：3：3
7月14日	田间木虱若虫调查	—
7月15日	灌水	漫灌
7月16日	采果，称重	采标记品种各5棵树上鲜果，并标号称重
7月17日	采果，称重，田间木虱卵若虫药效实验	打药配方：采用生物药剂防治，每种药剂选取10个点位，进行监测。
7月29日	灌水	漫灌
8月2日	除草	—
8月3日	修剪	抹除抽条、二混枝、横穿枝、背上枝、背下枝
8月6日	打药	打药配方：40%高效氯氰菊酯1000倍，5%阿维菌素乳液4000倍，螺螨酯2500倍
8月10日月8月12日	搭防鸟网（大田）	全园封闭式搭建，离地高度3 m
8月24日	除草大田	—
9月12日	试验区除草，采果称重	—
9月14日	打药	打药配方：阿维·哒螨灵2500倍，多酮1600倍，高效氯氰菊酯4000倍，代森锰锌800倍
9月16日月9月17日	抹芽	抹除抽条、二混枝、横穿枝、背上枝、背下枝

表14　枸杞病虫害防治农药安全使用方法

农药种类		通用名	剂型及含量	有效成分使用剂量（mg/kg）（稀释倍数）	每年最多使用次数	安全间隔期（天）	主要防治对象
化学农药	杀虫剂	吡虫啉 imidacloprid	5%乳油	25（2000倍）	2	3	蚜虫 木虱 负泥虫
		吡蚜酮 pymetrozine	25%可湿性粉剂	125（2000倍）	2	3	
		啶虫脒 acetamiprid	3%乳油	10（3000倍）	2	7	
		毒死蜱 chlorpyrifos	48%乳油	480（1000倍）	2	7	
		氟啶虫胺腈 sulfoxaflor	50%水分散粒剂	62.5（8000倍）	1	7	
		高效氯氟氰菊酯 beta-cyfluthrin	2.5%微乳剂	20（1250倍）	1	14	
		氰戊菊酯 fenvalerate	20%乳油	133.33（1500倍）	1	5	
		乙基多杀菌素 spinetoram	6%悬浮剂	15—20（3000—4000倍）	1	3	蓟马
		辛硫磷 phoxim	40%乳油	2000（200倍）	2	5	蚜虫 木虱 蓟马
	杀螨剂	阿维菌素 abamectin	1.8%乳油	6（3000倍）	2	3	瘿螨 蚜虫
		哒螨灵 pyridaben	15%乳油	100（1500倍）	2	3	瘿螨
		噻螨酮 hexythiazox	5%乳油	25（2000倍）	2	3	
		四螨嗪 clofentezine	20%悬浮剂	200（1000倍）	2	5	
		乙螨唑 etoxazole	11%悬浮剂	22（5000倍）	1	3	
		唑螨酯 fenpyroximate	5%悬浮剂	25（2000倍）	2	5	瘿螨

续表

农药种类		通用名	剂型及含量	有效成分使用剂量（mg/kg）（稀释倍数）	每年最多使用次数	安全间隔期（天）	主要防治对象
化学农药	杀螨剂	双甲脒 amitraz	20%乳油	200（1000倍）	1	14	瘿螨 红瘿蚊
	杀菌剂	丙环唑 propiconazole	25%乳油	50（5000倍）	2	3	炭疽病 白粉病
		苯醚甲环唑 difenoconazole	10%水分散粒剂	66.67（1500倍）	1	7	炭疽病
		氟硅唑 flusilazole	40%乳油	53.33（7500倍）	1	14	
		多菌灵 carbendazim	50%可湿性粉剂	500（1000倍）	1	7	炭疽病 白粉病
		甲基硫菌灵 thiophanatemethyl	70%可湿性粉剂	875（800倍）	1	7	
		代森锰锌 mancozeb	80%可湿性粉剂	800（1000倍）	1	7	
		嘧菌酯 azoxystrobin	25%悬浮剂	166.67（1500倍）	2	5	
		三唑酮 triadimefon	15%可湿性粉剂	150（1000倍）	1	7	白粉病
		戊唑醇 tebuconazole	25%悬浮剂	166.67（1500倍）	1	7	
生物农药		除虫菊素 pyrethrins	5%乳油	25（2000倍）	2	3	蚜虫 木虱 蓟马
		苦参碱 matrine	0.3%可溶性液剂	6（500倍）	—	—	蚜虫 木虱
		藜芦碱 veratrine	0.5%可溶性液剂	6.25（800倍）	—	—	
		印楝素 azadirachtin	0.3%乳油	3.75（600倍）	—	—	
		烟碱·苦参碱 nicotine·matrine	1.2%乳油	12（1000倍）	—	—	

续表

农药种类	通用名	剂型及含量	有效成分使用剂量（mg/kg）（稀释倍数）	每年最多使用次数	安全间隔期（天）	主要防治对象
生物农药	斑蝥素 cantharidin	0.01%水剂	0.125（800倍）	—	—	蓟马 蚜虫
	小檗碱 berberine	0.2%可溶性液剂	2（1000倍）	—	—	蚜虫 木虱
	蛇床子素 osthole	1%微乳剂	12.5（800倍）	—	—	白粉病
	香芹酚 carvacrol	0.5%水剂	5（1000倍）	—	—	
矿物农药	硫磺 sulphu	50%悬浮剂	1666.67（300倍）	—	—	白粉病 瘿螨
	石硫合剂 lime sulphur	45% 晶体	1800（250倍）	—	—	
	矿物油 mineral oil	99%乳油	3960（250倍）	—	—	蚜虫 木虱 蓟马等
常用公式：制剂使用量=有效成分使用量÷制剂含量						

本表推荐药剂的使用方法均为树体喷雾方法，可交替使用；采果期间在采果后当日或次日进行施药，喷药时间为每日10：00以前和17：00以后，若施药后12 h内降雨应补喷；施药时要保证药量准确，喷雾均匀，喷雾器械达到规定的工作压力，尽可能在无风条件下施药；安全间隔期超过7天的采果期不能使用。

第十章　黑果枸杞病虫害防控技术

第一节　黑果枸杞病虫害防控概述

黑果枸杞主要有蚜虫、木虱、瘿螨、锈螨、蓟马、根腐病等多种病虫害。因此，要以统防统治为主，交叉用药，防治主要病虫，兼治次要病虫。

一、防治原则

以防为主，综合防治，优先采取农业措施、物理防治、生物防治，不使用国家禁止的剧毒、高毒、高残留或致癌、致畸、致突变农药，以及其混配农药，主要使用植物源、矿物源、生物源农药。农药使用严格执行《农药合理使用准则》（GB/T 8321）的规定，并改用使用技术，降低农药用量，将病虫害控制在经济阈值以下。

二、农业防治

加强中耕除草、深翻晒地，以降低黑果枸杞根腐病的发病指数；清洁黑果枸杞园及周围地边环境，将枯枝烂叶、病虫枝、杂草收集到空旷的地方烧毁，以降低虫口密度；合理施肥、合理密植、修剪，促进树体健康成长，加强田间管理等措施以提高植株的防病抗病能力。

三、种植植物源农药植物配伍防治

种植苦豆子、华北白前、曼陀罗各1亩，采嫩枝嫩叶放入药池中放水沤制，以满足黑果枸杞病虫害防治对植物源农药的需求，使黑果枸杞成品原料达到无化学农药残留的目的。

具体操作方法为建立一个长、宽、高分别为5 m、3 m和1.5 m的水泥池子，分别将一定量的3种植物的茎秆和叶片放入池子中，加水进行沤制，一段时间以后，收集沤制形成的植物提取液并进一步浓缩，按照1：300的比例兑水对害虫进行喷雾防治。防治对象主要是蚜虫、木虱、瘿螨、蓟马等。

植物源、生物源农药配伍混用防治黑果枸杞病虫害：购买植物源农药成品橘皮精油，兑2000倍液，与生物源农药苏云金杆菌兑4000倍液配伍混用，喷雾防治木虱、瘿螨、锈螨、蓟马等。该配伍方法药效维持时间长，达35天左右，防治效果十分明显。

联合以上三种方式对黑果枸杞病虫害进行防治，既保证了黑果枸杞的产量，同时也使黑果枸杞达到了绿色食品的要求。

第二节　黑果枸杞病虫害安全防控技术体系

黑果枸杞病虫害防治应遵循“预防为主、综合防治”的原则，严格执行NY/T393–2020、DB64/T 850–2013、DB64/T 851–2013、DB64/T 852–2013标准，应用由病虫害监测预报技术，以天敌自然控制作用及田间释放、生物药剂使用技术为主要内容的生物防控技术，枸杞病虫害防治农药安全使用技术，生物控制与化学防治协调控制技术构成的黑果枸杞病虫害安全防控技术体系。

一、病虫害监测预报技术

采用非网格法布设样点，及时准确地在病虫害始发期对样点进行数据采集，建成了基于Access平台的属性数据库，并通过基于3S技术的区域化预测，及时形成中短期内病虫害发生量和发生程度的预测预报，及时制定防控预案。

二、生物防控技术

1. 生物药剂的引进与制备及其安全使用：通过种植苦豆子、华北白前、曼陀罗等有毒植物，提取杀虫的有效成分，研发具有自主知识产权的植物源农药，满足黑果枸杞病虫害防治对植物源农药的需求；通过试验研究、引进和筛选出一批防治黑果枸杞主要病虫害的生物源农药、矿物源农药，科学规范地使用，保证枸杞病虫害的防治效果，杜绝农药的残留，保障枸杞产品质量安全。

2. 天敌自然控制作用及寄生性、捕食性天敌的人工释放：保护和利用田间的寄生性、捕食性天敌，引进瓢虫、捕食性螨类等天敌，在枸杞采果期根据害虫的发生趋势进行人工释放，保证天敌的有效定殖。

3. 采用昆虫性信息素等引诱害虫：选用以生物酶、昆虫性信息素等成分为诱芯的杀虫灯、粘虫板、诱捕器等装置，开展病虫害防治活动。

三、药剂安全使用技术

在封园期及采果前期，对于高发性病虫害，选择低毒、低残留的替代药剂进行防治。严格把控药剂的安全使用剂量及安全间隔期，加强对残留药剂的监测，保证残留限量值不超标。

第三节　黑果枸杞常见病虫害防控

一、常见病害

我们可根据技术规程充分了解和掌握黑果枸杞（枸杞）的炭疽病、白粉病、流胶病和根腐病等主要病害的病原菌和发病规律。遵循“预防为主、综合防治”的防治原则，以农业防治为基础，协调采用生物防治、物理防治和化学防治等措施对黑果枸杞（枸杞）病害进行安全有效的防治。农业防治主要应用清园封园、品种选择、土壤耕作、及时排灌和整形修剪等防治方法进行防治；药剂防治主要是根据不同的病害确定其防治时期、药剂名称、药剂浓度及用量、施用次数、施药方法和安全间隔期，并合理进行药剂的轮换施用。例如，炭疽病在发病初期每隔10天左右使用一次醚菌酯、嘧菌酯、百菌清等10种药剂，连续防治2—3次，其安全间隔期为7天。具体防治药剂严格按照宁夏回族自治区地方标准《枸杞病害防治技术规程》（DB64/T 850-2013）中规定的情况使用，同时应注意其他相关标准。

（一）枸杞白粉病

1. 发病特点

白粉病主要为害枸杞叶片，使叶面覆满白色霉斑（初期）和粉斑（稍后）。此白色霉斑与粉斑，既是本病的病状，又是本病的病征（病菌分孢梗与分生孢子）。严重时枸杞植株外观呈一片白色，相当触目惊心。病株光合作用受阻，终致叶片逐渐变黄，易脱落。

该病菌主要以闭囊壳形式随病变组织在土壤表面及病枝梢的冬芽内越冬，翌年春季开始萌动，在枸杞开花及幼果期侵染植株而引起发病。植株在干燥天气下比多雨天气发病重，因为日夜温差大有利于此病的发生、蔓延。

2. 病原菌

病原为半知菌亚门的粉孢属（*Oidium sp.*）。属真菌门（Eumycota），子囊菌亚门（Ascomycotina），白粉菌目（Erysiphales），节丝壳属（*Arthrocladiella*），多孢穆氏节丝壳（*A.mougeotii* var.*polysporae* Z.Y.Zhao）。在寒冷地区，病菌以有性态子实体闭囊壳随病残物在土中越冬。在温暖地区，病菌主要以无性态分生孢子形式进行初侵染与再侵染，完成病害周年循环，并无明显越冬期。温暖多湿的天气或植地环境有利于发病。但病菌孢子具有耐旱特性，在高温干旱的天气条件下，仍能正常发芽侵染致病。

3. 发病规律

枸杞白粉病的病菌以菌丝体或分生孢子形式在枸杞的枯枝残叶或随病果遗落在土中越冬，翌年分生孢子借风雨传播进行初侵染和再侵染，扩大危害。高温多雨、土壤湿度大、空气潮湿、土壤缺肥、植株衰弱等因素易导致植株发病。

（二）枸杞炭疽病

1. 发病条件

枸杞炭疽病又叫黑腐病，其病菌以菌丝体和分生孢子形式在枸杞树和地面病残果上越冬。翌年春季主要靠雨水把粘结在一起的分生孢子击溅开后传播到幼果、花及花蕾上，直接或经伤口侵入，潜育期4—6天。该病在多雨年份、多雨季节扩散快，呈大雨大高峰、小雨小高峰的态势。果面有水膜利于孢子萌发，无雨时则孢子在夜间或露滴时萌发。干旱年份或干旱无雨季节发病轻、扩散慢。5月中旬至6月上旬开始发病，7月中旬至8月中旬暴发，为害严重时，病果率高达80%。

2. 危害症状

主要为害枸杞青果、花、花蕾、叶等。枸杞青果染病初期在果面上产生小黑点或不规则褐斑，遇连阴雨病斑不断扩大，2—3天蔓延全果，半果或整果变黑，俗称黑果病。气候干燥时，黑果缢缩；湿度大时，病果上长出很多桔红色胶状小点，即病原菌的分生孢子盘和分生孢子。花染病后，花瓣出现黑斑，逐渐变为黑花，子房干瘪，不能结实。花蕾染病后，表面出现黑斑，轻者成为畸形花，严重时成为黑蕾，不能开花。嫩枝、叶尖、叶缘染病产生褐色半圆形病斑，扩大后变黑，湿度大时呈湿腐状，病部表面出现桔红色粘滴状小点。成熟果实染病后，加工成干果后出现黑色斑点，或成油果。

3. 病原菌

病原菌为胶孢炭疽菌[*COLLetotrichum gloeosporioides*（Penz.）Sacc.]，属半知菌亚门真菌。有性态[*Glomerell acingulata*（Stonem.）Spauld.et Schren]称围小丛壳，属真菌门（Eumycota Mycobionta），半知菌亚门（Deuteromycotina），黑盘孢目（Melanconiales），炭疽菌属（*Colletotrichum*）。菌丝体在皮下组织的细胞间隙中集结，形成黑褐色的分生孢子盘，呈圆盘状，中间凸起，大小为100—300 μm，刚毛少，而后分生孢子盘顶开果皮及角质层。分生孢子盘生在病果表皮下，盘上生梗棍棒状分生孢子，大小（12—21）μm×（4—5）μm；圆筒状分生孢子，大小（11—18）μm×（4—6）μm。分生孢子萌发的适宜相对湿度为100%，湿度低于75%不萌发，在水中24 h后大量萌发。

4. 发病规律

初侵染源是树体和地面越冬的病残果，越冬菌态是病组织内的菌丝体和病残果上的分生孢子，病菌分生孢子主要借助风、雨水传播，可多次侵染。病原菌发生的温度范围是15—35 ℃，最适宜温度是23—25 ℃；最适宜湿度是100%。当湿度低于75%时病原菌孢子萌发受阻，干旱不利于病原菌的发病及流行。一般5月中旬至5月下旬开始发病，6月中旬至7月中旬为高峰期，遇连阴雨病害流行速度快，雨后4 h孢子萌发；遇大降雨时，2—3天内造成全园受害，常年可造成减产损失20%—30%，严重时可达80%，甚至绝收。

（三）枸杞根腐病

1. 危害症状

枸杞根腐病发生普遍，危害严重，每年因病死亡植株达3%—5%，给枸杞生产造成很大损失。枸杞根腐病主要为害根茎部和根部。发病初期病部呈褐色至黑褐色，逐渐腐烂，后期外皮脱落，只剩下木质部，剖开病茎可见维管束褐变。湿度大时，病部长出一层白色至粉红色的菌丝状物。地上部分叶片发黄或枝条萎缩，严重者枝条或全株枯死。

2. 病原菌

枸杞根腐病的病原菌为茄类镰孢[*Fusarium solani*（Martl）Sacc.]，属真菌门（Eumycota），半知菌亚门（Deuteromycotina），瘤座孢目（Tuberculariales），瘤座孢科（Tuberculariaceae），镰刀菌属（*Fusarium*），尖孢镰刀菌（*F.oxysporum*）、茄类镰刀菌（*F.solani*）、同色镰刀菌（*F.Concolor*）和串珠镰刀菌（*F.moniliforme*）。病原菌产生大小两种类型的分生孢子。大型分生孢子无色，镰刀状，多胞具隔；小型分生孢子无色，卵圆形，单胞。此外，有些地区称立枯丝核菌（*Rhizoctonia solani* Kuhn）也可引起类似的症状。

3. 发病规律

病菌通过树体病部或残留在土壤中的病残体越冬，翌年条件适宜时，随时可侵入根部或根茎部而引起发病。病菌孢子主要通过降雨、灌溉的方式随水传播。一般4—6月中、下旬开始发生，7—8月扩散，病原菌可以从伤口入侵，也可以直接入侵。20 ℃时，在寄主有创伤的情况下，潜育期为3—5天，无创伤时为19天。导致树势衰弱的不利因素都能诱发病害，如地势低洼积水、土壤黏重、耕作粗放、施肥不足或施肥不当，以及虫害严重的枸杞园易发病。多雨年份、光照不足、种植过密、修剪不当的枸杞树发病重。

（四）枸杞流胶病

1. 病害症状

枸杞流胶病一般为非侵染性病害。当早春树液开始流动时，在枸杞植株枝干的树皮或创伤树皮伤口的裂缝处，流出半透明乳白色的液体，多呈泡沫状。临秋停止流胶，液体干涸，在枝干被害处的树皮似火烧而焦黑，皮层和木质部分离，使被害的枝干干枯而死，严重者全株死亡。枸杞流胶病的发生是田间作业的机械损伤、修剪时伤及树皮以及害虫所致。春秋两季发病较为严重，在沙壤土栽植比在盐碱地栽植发病率低。

2. 病原菌

枸杞流胶病的病原菌属真菌门（Eumycota），半知菌亚门（Deuteromycotina），丝孢纲（Hyphomycetes），从梗孢目（Moniliales），从梗孢科（Moniliaceae），头孢霉属（*Cephalosporium*）、镰袍霉属（*Fusarium*），及细菌（*Bacteria*）。

3. 发病规律

该病全年都会发生，一般在4—10月的雨季，特别是长期干旱后偶降暴雨时，发病严重。流胶量以春、夏季树木生长旺盛期最大。机械损伤引起的流胶发生在树体的中、上部；冻伤造成的流胶多发生在树体上部，以南侧向阳区较重；树龄大的枸杞流胶严重，幼龄树较轻；沙壤土栽培的枸杞流胶轻，黏重土壤栽培的枸杞易发病。病害发生严重时造成树皮龟裂，以致形成溃疡，使树木枝干局部组织坏死，甚至导致枝干腐朽死亡。

二、病害防治

遵循“预防为主、综合防治”的防治原则。以农业防治为基础，协调应用生物防治、物理防治和化学防治等措施对枸杞病害进行安全有效的防治。

1. 农业防治

（1）清园封园：早春和晚秋清理枸杞园内被修剪下来的残、枯、病、虫枝条，连同园地周围的枯草落叶，集中至园外烧毁，以消灭病源。

（2）品种选择：选择适应性和抗病性强的优良品种，并严格选择健康苗木，苗木的质量指标应符合GB/T 19116-2003的要求。

（3）土壤耕作：早春土壤浅耕、中耕除草、挖坑施肥、灌水封闭，秋季翻晒园地，以杀灭土层中携带病原菌的虫体等。

（4）及时排灌：适量灌水，防止积水；灌水应在上午进行，以控制田间湿度，减少夜间果面结露。

（5）整形修剪：按GB/T 19116-2003中的10.1下的修剪要求进行，防止对枝干及根部组织造成损伤。

（6）病株清理：农事操作时，避免对植株根部组织造成损伤。发现根腐病株应及时挖除，并将病株周围的土壤进行深翻暴晒或施入石灰消毒，必要时可换入新土，再补栽健株。

2. 药剂防治

防治枸杞主要病害的有效药剂使用方法见表15。使用时应严格执行GB/T 8321.1-2000 、GB/T 8321.2-2000、GB/T 8321.3-2000、GB/T 8321.4-2006、GB/T 8321.5-2006、GB/T 8321.6-2000、GB/T 8321.7-2002、GB/T 8321.8-2007、GB/T 8321.9-2009、GB/T 8321.10-2018和NY/T 1276-2007中的相关规定，严格掌握其浓度和用量、施用次数、施药方法和安全间隔期，并进行药剂的合理轮换使用。

表15　防治枸杞病害药剂使用方法

病害种类	防治时期	药剂名称	剂型及含量	每667m²每次制剂施用量或稀释倍数（有效成分浓度）	每季最多使用次数	安全间隔期（天）	防治方法
炭疽病	下/5～上/10阴雨天之前1～2天及雨后24 h内	醚菌酯	50水分散粒剂	18.5 mL/3000倍	2	7	发病初期每隔10天左右防治1次，连续防治2—3次
		嘧菌酯	25%水剂	5.55 mL/5000倍	2		
		春雷霉素	2%水剂	2.22 mL/1000倍	2		
		申嗪霉素	1%悬浮剂	0.74 mL/1500倍	2		
炭疽病	下/5～上/10阴雨天之前1～2天及雨后24 h内	多抗霉素	1.5%可湿性粉剂	1.67 mL/1000倍	2	7	发病初期每隔10天左右防治1次，连续防治2—3次
		农抗120	2%水剂	11 mL/200倍	2		
		苯醚甲环唑	10%水分散粒剂	5.55 mL/2000倍	2		
		百菌清	75%可湿性粉剂	104 mL/800倍	2		
		石硫合剂	45%结晶	200 g/250倍	2		
		代森锰锌	80%可湿性粉剂	177.6 mL/500倍	2		

续表

病害种类	防治时期	药剂名称	剂型及含量	每667m²每次制剂施用量或稀释倍数（有效成分浓度）	每季最多使用次数	安全间隔期（天）	防治方法
白粉病	7月～9月	三唑酮	15%可湿性粉剂	16.65 mL /1000倍	2	7	发病初期每隔10天左右防治1次，连续防治2—3次
		腈菌唑	12%乳油	5.33 mL /2500倍	2		
		己唑醇	25%悬浮剂	3.7 mL /7500倍	2		
		丙环唑	25%乳油	13.88 mL /2000倍	2		
		甲基硫菌灵	36%悬浮剂	26.64 mL /1500倍	2		
		硫磺	50%悬浮剂	185 mL/300倍	2		
根腐病	根茎处有轻微脱皮病斑	石硫合剂	45%结晶	200 g/250倍	2	7	灌根，5—10升/株，从5月份开始，每月1次，共2—3次
		代森锰锌	80%可湿性粉剂	177.6 mL/500倍	2		
		多菌灵	50%悬浮剂	400倍	2		
流胶病	枝、干皮层破裂	石硫合剂	45%结晶	200 g/250倍	3	7	将胶液刮净，用药剂涂抹伤口，7天1次，涂抹3—5次
		多菌灵	50%悬浮剂	277.5 mL/200倍	3		
		甲基托布津	50%悬浮剂	277.5 mL/200倍	3		
		百菌清	75%可湿性粉剂	166.5 mL/500倍	2		

三、常见虫害

根据技术规程充分了解和掌握黑果枸杞（枸杞）上的蚜虫、木虱、负泥虫、瘿螨、锈螨、红瘿蚊、实蝇和蓟马8种害虫的发生规律。

（一）枸杞蚜虫

1. 形态特征

枸杞蚜虫（*Aphis sp.*）属同翅目（Homoptera），蚜总科（Aphidoidea）下的蚜科蚜属，是分布于我国枸杞种植区的成灾性害虫，对枸杞的产量和品质影响极大。大量成蚜、若蚜群集于枸杞嫩梢、叶背及叶基部，刺吸汁液，严重影响枸杞开花、结果及生长发育。盛夏虫口有所下降，入秋后又开始上升，至9月份出现第二次高峰。

有翅胎生蚜成虫体长1.9 mm，黄绿色。头部黑色，眼瘤不明显。触角6节，黄色，第1、2两节深褐色，第6节端部长于基部，全长较头、胸之和长。前胸狭长，与头等宽，中后胸较宽，黑色。足浅黄褐色，腿节和胫节末端及跗节色深。腹部黄褐色，腹管黑色圆筒形，腹末尾片两侧各具2根刚毛，无翅胎生蚜较有翅蚜肥大，色浅黄，尾片亦浅黄色，两侧各具2—3根刚毛。

2. 生活习性

（1）一年多代，以卵在枝条腋芽及粗糙处越冬，次年4月下旬孵化为“干母”，孤雌胎生，5月下旬产生大量有翅蚜，于田间繁殖迁飞，扩散危害。

（2）在日平均温度18—28 ℃，温度越高，降雨少，蚜虫繁殖越快，借风力传播或自行爬走传播。7月下旬气候炎热，虫口略有下降；8月下旬回升，10月上旬产生性蚜，开始产卵，10月中下旬为产卵盛期，11月上旬为末期，以卵越冬。

（3）降雨能直接影响蚜虫生长，暴雨可将部分蚜虫冲落至地面，使蚜虫数量下降或增长缓慢，但雨后若温度上升，蚜虫数量仍然回升较快。温度高、降雨少对蚜虫繁殖有利。

3. 发生规律

枸杞蚜虫以卵在枸杞枝条缝隙及芽眼内越冬，翌年3月中下旬卵孵化，孤雌胎生，繁殖2—3代后出现有翅胎生蚜，迁飞扩散，为害叶片、嫩芽、花蕾、青果。在宁夏4月上旬开始活动，发育起点温度为8.91 ℃，完成1个世代需有效积温88.36日·度，完成1个世代发育天数最长12天，最短5天，平均8.75天，每年约发生19.65代。第1次高峰期在5月下旬至7月中旬，第2次高峰期在8月中旬至9月中旬。

（二）枸杞木虱

1. 形态特征

枸杞木虱（*Poratrioza sinica* Yang et Li.）属同翅目，木虱科。分布在宁夏、甘肃、新疆、陕西、河北、内蒙古等地。为害多种果树、枸杞、龙葵等。以成虫、若虫在叶背把口器插入叶片组织内，刺吸汁液，致叶黄枝瘦，树势衰弱，浆果发育受抑，品质下降，造成春季枝干枯。

成虫体长3.75 mm，翅展6 mm，形如小蝉，全体黄褐至黑褐色，具橙黄色斑纹。复眼大，赤褐色。触角基节、末节黑色，余黄色；末节尖端有毛，额前具乳头状颊突1对。前胸背板黄褐色至黑褐色，小盾片黄褐色。前中足节黑褐色，余黄色；后足腿节略带黑色，余为黄色；胫节末端内侧具黑刺2个，外侧1个。腹部背面褐色，近基部具一蜡白横带，十分醒目，是该虫的重要特征之一。端部黄色，余褐色。翅透明，脉纹简单，黄、褐色。卵长0.3 mm，长椭圆形，具一细如丝的柄，固着在叶上，酷似草蛉卵；橙黄色，柄短，密布在叶上而别于草晴蛉卵。

若虫扁平，固着在叶上，似介壳虫。末龄若虫体长3 mm，宽1.5 mm。初孵时黄色，背上具褐斑2对，有的可见红色眼点，体缘具白缨毛。若虫长大后，翅芽显露覆盖在身体前半部。

2. 生活习性

枸杞木虱以成虫越冬，隐藏在寄主附近的土块下、墙缝里、落叶中，以及树干和树上残留的枯叶内。一般4月下旬开始出现，近距离跳跃或飞翔，在枸杞枝叶上刺吸取食，停息时翅端略上翘，常左右摇摆，肛门不时排出蜜露。白天交尾、产卵，先抽丝成柄，卵密布于叶的两面，一粒粒橙黄色的卵犹如一层黄粉，故有“黄疸”之称。若虫可爬动，但不活泼，附着于叶表或叶下刺吸为害。6、7月间为盛发期，各期虫态多，严重时几乎每株每叶均有此虫。一年发生3—4代，世代重叠，为害普遍，受害特重的植株到8月下旬即开始枯萎，对枸杞的生长和产量影响甚大。

枸杞木虱以成虫和若虫在叶背、嫩梢及芽上刺吸汁液，使植株生长势衰退，叶片变黄。其分泌的蜜露使下层叶面患有煤烟病。成虫体长约3.8 mm，体黄褐色至黑褐色，具橙黄色斑纹；额前有乳状突1对；触角基节和末节黑色，其余黄色；前、中足腿节与体同色，后足腿节略带黑色及胫节端部的刺也呈黑色，胸足的其余部位皆黄色；在褐色的腹部背面基部有一明显的蜡白色横带；翅透明，翅脉黄褐色；卵橙黄色，长椭圆形，具丝状卵柄。成长中的若虫显黄色，体长约3 mm；背面有2对褐斑；翅芽显著向前向外突出；腹部边缘密布白色缨毛状的分泌管。

3. 发生规律

北方一年发生3—4代，以成虫在土块、树干、枯枝落叶层、树皮或墙缝处越冬，于翌春枸杞发芽时开始活动，6—7月盛发。成虫多在叶背栖息，抽吸汁液时常摆动身体。产卵于叶背或叶面，卵黄色，有丝状卵柄，并且密集在一起。卵孵化后，若虫就在原叶或附近枝叶刺吸汁液。成虫和若虫在取食过程中，一边吸食一边分泌蜜露于下层叶面，使其致煤烟病。可以使用枸杞木虱的天敌多异瓢虫防治枸杞木虱。

枸杞木虱于4月上旬开始活动，4月下旬枸杞开始抽芽开花时，成虫开始寻找合适的叶片大量产卵，卵期约一个月。幼虫自5月上旬开始活动，此时危害常不明显，于7月上旬开始出现第二代，大量的成虫聚集产卵，8、9月为木虱大量爆发时期。

（三）枸杞负泥虫

1. 形态特征

枸杞负泥虫（*Lema decempunctata* Gebler）属鞘翅目（Coleoptera），叶甲科（Chrysomelidae）。该虫肛门向上开口，粪便排出后堆积在虫体背上，故称负泥虫，是我国西北干旱和半干旱地区枸杞主要种植区为害枸杞的食叶性害虫。该虫为暴食性食叶害虫，食性单一，主要为害枸杞的叶子，成虫、幼虫均嚼食叶片，幼虫危害比成虫严重，以3龄以上幼虫为害严重。幼虫食叶使叶片造成不规则缺刻或孔洞，严重时把叶全部吃光至仅剩主脉，并在被害枝叶上到处排泄粪便，早春越冬代成虫大量聚集在嫩芽上，为害枸杞致使其不能正常抽枝发叶。

成虫体长5—6 mm。前胸背板及小盾片蓝黑色，具明显金属光泽；触角11节，黑色棒状，第2节球形，第3节之后渐粗，长略大于宽；复眼硕大突出于两侧；足黄褐或红褐色，基节、腿节端部及胫节基部黑色，胫端、跗节及爪黑褐色；头部刻点粗密，头顶平坦，中部有纵沟，中央有凹窝，头及前胸背板黑色；前胸背板近长圆筒形，两侧中央溢入，背面中央近后缘处有凹陷；小盾片舌形，末端较直；鞘翅黄褐或红褐色，近基部稍宽，鞘端圆形，刻点粗大纵列，每鞘有5个近圆形黑斑，外缘内侧3斑，均较小，位肩胛、1/3和2/3处，近鞘缝2斑较大，鞘翅，鞘面斑点数量及大小变异甚大，斑纹可部分消失或全部消失；腹面蓝黑色，有光泽。中、后胸刻点密，腹部则疏。卵橙黄色，长圆形，长1 mm左右，孵化前呈黄褐色。

幼虫体长1—7 mm，灰黄或灰绿色，将自己的排泄物背负于体背，使身体处于一种黏湿状态。头黑色，有强烈反光，前胸背板黑色，中间分离，胸足3对，腹部各节的腹面有吸盘1对，用以使身体紧贴叶面。

2. 生活习性

一年发生3—4代，4月下旬成虫开始交尾产卵，5月中旬可见各虫态。成虫、幼虫取食叶片，造成不规则的缺刻或孔洞后，残留下叶脉。受害轻的叶片被排泄物污染，生长和结果受到影响；严重的叶片、嫩梢被害，影响其产量和质量。幼虫老熟后入土吐白丝，与土粒粘合结成土茧，化蛹于其中越冬。

3. 发生规律

枸杞负泥虫以成虫及幼虫在枸杞的根际附近的土下越冬，主要以成虫为主，约占越冬虫量的70%，4月下旬枸杞开始抽芽开花时，负泥虫即开始危害。成虫寿命长及产卵期长是造成其世代重叠的主要原因。枸杞负泥虫成虫卵产于嫩叶上，每卵块6—22粒不等，金黄色，呈“人”字形排列。产卵量甚大，室内饲平均每雌产卵44.3块356粒。卵孵化率很高，通常在98%以上，且同一卵块孵化很整齐。1龄幼虫常群集在叶片背面取食，吃叶肉而留表皮，2龄后分散为害，虫屎到处污染叶片、枝条。幼虫老熟后入土3—5 cm处吐白丝，和土粒结成棉絮状茧，化蛹。

各虫态卵历期因世代而异，第1代12—15天，第2代7—8天，其余各代5—6天，幼虫期7—10天，蛹历期8—12天，成虫寿命长短不一，平均91天。幼虫自5月上旬开始活动，此时危害常不明显，于7月上旬开始出现第二代，大量的成虫聚集产卵，8、9月为负泥虫大量爆发时期。

（四）枸杞瘿螨

1. 形态特征

枸杞瘿螨（*Aceri macrodonis* Keifer）又称大瘤瘿螨，属蛛形纲，蜱螨目（Acarina），瘿螨科（Eriophyidae）。主要分布于宁夏、内蒙古、甘肃、新疆、山西、陕西、青海等地的枸杞引种栽培区。此虫为常发害虫，为害枸杞的叶片、花蕾、幼果、嫩茎、花瓣及花柄。枸杞花蕾被害后不能开花结果，被害叶片叶面不平整，密生黄绿色近圆形隆起的小疱斑，严重时呈淡紫色或黑痣状虫瘿，受害严重的叶片有虫瘿15—25个，使植株生长严重受阻，整株树木生长势衰弱，脱果落叶，严重影响了枸杞子的产量和质量。

成虫体长0.1—0.3 mm，全体橙黄色，长圆锥形，略向下弯曲，呈前端粗、后端细的胡萝卜形。头胸部宽而短，向前突出呈喙状；足2对；腹部有环沟53—54条，形成狭小的环节；生殖器位于腹部前端第5、6节之间，两侧具性刚毛1对。卵圆球形，透明。若虫与成虫相似，仅体长较短，全体乳白色。

2. 危害症状

成、若螨可刺吸叶片、嫩茎和果实。叶部被害后形成紫黑色痣状虫瘿，直径1—7 mm，虫瘿正面外缘为紫色环状，中心黄绿色，周边凹陷，背面凸起，虫瘿沿叶脉分布，中脉基部和侧脉中部分布最密。受害严重的叶片扭曲变形，顶端嫩叶卷曲膨大成拳头状，变成褐色，提前脱落，造成秃顶，停止生长。嫩茎受害，在顶端叶芽处形成长3—5 mm的丘状虫瘿。螨体微小，体长约120.6—388.8 μm，圆锥形，橙黄色，足4对。幼螨体更微小，体长74—109.6 μm，圆锥形，浅白色，近半透明。

3. 生活习性

年发生世代不详。以成螨在枸杞种植地附近的树隙和其他植物的腋芽内越冬。翌年4月间，当地枸杞冬芽刚绽露，越冬成螨开始出蛰活动；5、6月间枸杞展叶时，出蛰成螨大量转移到枸杞新叶上产卵，孵出的幼螨钻入叶组织内，刺激叶组织形成虫瘿；8、9月间危害达高峰，至11月中旬以后，气温降至5 ℃以下，成螨转入越冬。在南方，枸杞终年都有种植，瘿螨在田间辗转为害，无明显越冬期。除主动爬行外，还发现蚜虫、木虱腹部和足的跗节上有数量不等的瘿螨，瘿螨可随这些害虫的活动而扩散传播。

4. 发生规律

年发生8—12代，主要为害叶片、嫩梢、花瓣、花蕾和幼果，被害部位呈紫色或黑色痣状虫瘿。在气温5 ℃以下，以雌成螨在当年生枝条的越冬芽、鳞片内，以及枝干缝隙越冬；4月上中旬越冬成螨开始活动，或由木虱成虫等携带传播；气温20 ℃左右瘿螨活动活跃，5月上旬至6月上旬和8月下旬至9月中旬是瘿螨发生的2个高峰期。

（五）枸杞红瘿蚊

1. 形态特征

枸杞红瘿蚊（*Jaapiella sp.*）属双翅目（Diptera），瘿蚊科（Cecidomyiidae），是枸杞常见病虫害，主要为害幼蕾，使花蕾肿胀成虫瘿并呈畸形，即花被变厚，撕裂不齐，呈深绿色，不能开花结果而枯腐干落。

成虫体长2.0—3.5 mm，展翅约6 mm。黑红色，体表生有黑色微毛；触角16节，黑色，念珠状，节上生有较多长毛，有1—2道环纹围绕，雄虫触角较长，各节膨大，略呈长圆形，无细颈；复眼黑色，在头顶部相接；各足跗节5节，第1跗节最短，第2跗节最长，其余3节依次渐短，跗节端部具爪1对，每爪生有一大一小两齿；胸腹背面黑色微毛，腹面淡黄色，雌虫尾部有一小球状凸起；前翅翅面上密布微毛，外缘和后缘密生黑色长毛。

卵长圆形，近无色透明，常十多粒一起，产于幼蕾顶端内。

幼虫体长1.3—2.7 mm，越冬体长约1.5 mm。初孵化时白色，成长后为淡桔红色小蛆，体扁圆。腹节两侧各有1微突，上生1短刚毛。体表面有微小突起花纹。胸骨叉黑褐色，与腹节愈合不能分离。

茧长约2 mm，长圆形，灰白色。

蛹长约1.7 mm，黑红色。头顶有二尖突，后有一淡色长刚毛。腹部各节背面均有一排黑色毛。

2. 生活习性

一年发生4—6代，9月下旬以老熟幼虫在土壤中越冬，翌年春季化蛹，4月中旬枸杞现蕾时成虫从土里羽化，直接产卵于幼蕾顶部内，卵孵化后，幼虫蛀食子房，被害花蕾呈桃形的畸形果，脱落，成熟幼虫从畸形果中钻出，弹落到地面，入土化蛹。5月中旬是第1代害虫为害盛期。

3. 发生规律

枸杞红瘿蚊在宁夏地区一年发生5—6代，秋季以末代老熟幼虫在土中结茧越冬，次年在枸杞展叶现蕾时，越冬代成虫羽化出土，2天后即产卵于春蕾中为害。其他各代均以卵和幼虫为害花蕾，幼虫老熟后入土并在土中结茧、化蛹，蛹羽化后，成虫出土交配、产卵，继续为害花蕾。

成虫不取食，一般在4月下旬温度大于7 ℃时，每天于上午8—11时和下午7—11时交尾、产卵。成虫寿命较短，雌成虫产卵后于1—2天内死亡。卵3—5天即可孵化，幼虫期约13天。初孵幼虫无色、透明，2—3天后逐渐转成桔红色。幼虫在幼蕾内蛀食花器，吸食汁液，同时分泌一些物质造成花蕾畸形肿大，不能结果。预蛹期8天，蛹期2—3天。即25—30天完成1代。幼虫老熟后入土化蛹。其他代成虫羽化高峰期分别为第1代6月上旬、第2代7月上旬、第3代7月下旬、第4代8月中旬、第5代9月中旬。5月和8月是幼虫危害高峰期，因成虫发生期不集中，田间常见世代重叠。枸杞红瘿蚊喜欢潮湿环境，雨天或浇水后数量增加，在路边有树荫的地方和离土壤近的花蕾上较多见。种植在碱性大和新开荒地上的枸杞受害重，种植在疏松、通透性好的土壤上受害轻；分散种植的枸杞地比连片种植的枸杞地受害重。

（六）枸杞实蝇

1. 形态特征

枸杞实蝇属双翅目（Diptera），实蝇科（Tephritidae）。枸杞实蝇是在枸杞果实内取食的蝇类害虫。

成虫体长4.5—5.0 mm，翅展8—10 mm。头部橙黄色，复眼翠绿色，有黑纹，胸背漆黑有光泽，中间有两条纵列白纹，有的个体在纵纹两侧还有两条横列白色短纹，与前纹相连成“北”字形。小盾片白色，周缘黑色。翅上有深褐色斑纹4条，1条沿前缘分布，其余3条由前缘斑纹分出斜达翅的后缘。亚前缘脉尖端转向前缘成直角，在直角内方有一小圆圈。腹部背面有3条白色横纹，第1、2条被中线分割。雌成虫产卵管突出。

卵白色，长椭圆形。

幼虫末龄幼虫体长5—6 mm，圆锥形，口钩黑色。前气门扇形，上有乳突10个，后气门上有呼吸裂孔2列，每列6个。

蛹椭圆形，长5—6 mm，淡黄色至赤褐色。

2. 生活习性

成虫羽化时间一般在早上6—9时。其飞翔力颇弱，一般仅能活动于原树上。在早晚温度较低时，成虫行动迟缓，中午温度升高后转为活泼。成虫羽化后于2—5天内交尾，受精雌虫2—5天开始产卵。卵产在落花后5—7天的幼果内的种皮上。被产卵管刺伤的幼果皮伤口流出胶质物，并形成一个褐色乳状突起。通常一果产1个卵，偶有一果产2—3个卵的，但能在果内成活的只有一个幼虫。成虫无趋光性。毕生生活在果内的幼虫，到了成熟期，在接近果柄处钻成一个圆形的孔，钻出并脱落至地面，爬行结合跳跃，寻找松软的土面或缝隙，钻入土内化蛹。

3. 发生规律

一年发生2—3代，以蛹在土内约5—10 cm处越冬。翌年5月上旬枸杞开花时，成虫羽化，下旬成虫大量出土，产卵于幼果皮内。一般每果产1粒卵，数日后幼虫孵出，食害果肉。6月下旬至7月上旬幼虫生长成熟，即由果内钻出，首尾弯曲弹跳落地，在3—6 cm深处入土化蛹。7月中下旬，大量羽化出第2代成虫；8月下旬至9月上旬为第3代成虫盛期，第3代幼虫即在土内化蛹蛰伏越冬（也有部分第1代及第2代幼虫化蛹后即蛰伏越冬）。

（七）枸杞蓟马

1. 形态特征

枸杞蓟马为昆虫纲缨翅目蓟马科。成虫体长1.5 mm，黄褐色、棕色或黑色，头前尖突，集眼黄绿色，单眼暗色，幼虫呈白色、黄色或橘色。成虫取食植物汁液或真菌。头略呈后口式，口器锉吸式，能挫破植物表皮，吸吮汁液；触角6—9节，线状，略呈念珠状，一些节上有感觉器；翅狭长，边缘有长而整齐的缘毛，脉纹最多有两条纵脉；足的末端有泡状的中垫，爪退化；雌性腹部末端圆锥形，腹面有锯齿状产卵器并向腹部弯曲，或呈圆柱形而无产卵器。触角5—9节，下颚须2—3节，下唇须2节；翅较窄，端部较窄尖，常略弯曲，有2根或者1根纵脉，少缺，横脉常退化。

枸杞蓟马以成虫和若虫锉吸植株幼嫩组织（枝梢、叶片、花、果实等）的汁液，被害嫩叶、嫩梢变硬、卷曲、枯萎，植株生长缓慢，节间缩短；幼嫩果实被害后会硬化，严重时会落果，严重影响其产量和品质。

2. 生活习性

枸杞蓟马以成虫在枯叶下的隐蔽处越冬，于次年春季展叶后活动，为害枸杞植株，6—7月为害最重。该害虫以成虫孤雌生殖为主，偶有两性生殖。卵散产于叶片组织内，每次产卵22—35粒。成虫极活跃，能飞善跳，可借助自然力迁移扩散。成虫怕强光，多在背光场所集中，阴天、早晨、傍晚和夜间才在寄主表面活动，这也是枸杞蓟马难以防治的原因之一。

枸杞蓟马喜欢温暖、干旱的天气，其适温为23—28 ℃，适宜的相对空气湿度为40—70%，温、湿度过大不能存活。当相对湿度达到100%，温度大于31 ℃时，若虫全部死亡。在雨季，如遇连阴雨，可导致若虫死亡，且大雨或浇水后致使土壤板结，能使若虫不能入土化蛹和蛹不能孵化成虫。

3. 发生规律

一年发生10—18代，世代重叠，成虫和若虫群集于叶片、花冠筒内和果实上为害，6—7月采果盛期也是枸杞蓟马为害的盛期。枸杞蓟马在叶上为害形成微细的白色斑驳，并排泄粪便使黑色污点密布叶背，被害叶略呈纵向反卷，导致早期落叶；在花冠筒中取食花蜜，造成落花；在果实上形成纵向不规则斑纹，使鲜果失去光泽，颜色发暗，不易保存，干果颜色发黑。

（八）枸杞毛跳甲

1. 形态特征

枸杞毛跳甲[*Epitrix abeillei*（Bauduer）]属鞘翅目，叶甲科（Chrysomelidae），分布于宁夏、甘肃、新疆、陕西、河北，山西等地区，主要为害枸杞嫩枝叶。

成虫体长1.6 mm，宽0.9 mm，卵圆形，黑色，触角、腿端、胫节及跗节黄褐色；触角基部上方有2个刻点，上生2毛；触角11节，长略及体半，第1、2节较粗，第3、4节略细，以后各节依次加粗，各节密生微毛，以节端2毛较长；复眼黑色；头顶两侧各有粗刻点3、4个，上生数根白毛，前面以“V”形细沟与额隔开，额中隆突，前部疏生白毛；后足腿节粗壮，下缘有1条容纳胫节的纵沟，胫节具1小端距；前胸背板周缘具细棱，列生白毛，侧缘略呈弧形，有细齿，背面刻点粗密，后缘向后弯，前方两侧各有1小凹陷；小盾板半圆形，无刻点；鞘翅肩角弧形，内侧有1小肩瘤，翅面刻点纵列成行，行间生1行整齐的白毛。

幼虫不明。

2. 发生规律

代数不详。以成虫在株下土中或枝条上的枯叶中越冬，于4月上旬枸杞发芽时开始活动，中旬为盛期，食害新芽，破坏生长点，使新芽不能抽出；展叶后在叶面啃食叶肉成点坑，严重时坑点相连成枯斑，叶片早落；还会食害花器及幼果，使果实不能成长或残缺不整。生长期间均有成虫为害，以6—8月最多，且多集中于梢部嫩叶上。一片叶上常有数虫为害，稍有惊扰即使其弹跳落地或飞逸。

四、虫害防治

遵循“预防为主、综合防治”的防治原则，综合应用农业防治、物理防治、生物防治和化学防治的方法，达到安全、有效、经济、环保的防治目的。采取“两头重、中间轻”的用药原则，准确掌握用药剂量和施药次数，严格执行安全间隔期，注意农药轮换使用。将枸杞整个生育期虫害的防治分为早春清园封园、采果前期防治、采果期防治、秋果期防治和秋季封园五个阶段，进行有针对性的虫害防治。

（1）第一阶段：早春清园、封园，降低越冬虫口数（3—4月）

早春的清园、封园可大大的降低越冬虫口基数，对全年的枸杞病虫害防治工作起着关键作用。这一环节的忽视往往造成后期病虫害严重发生和难以控制。

①彻底清园

在2月底至3月对枸杞树进行修剪，将修剪后的枝条及震落下的残留病虫果，以及园中、田边的杂草、落叶、枸杞根孽苗全部清除干净，带到园外集中烧毁，可明显降低害虫越冬虫口基数。

②全面封园

清园后，在4月上旬对枸杞园树体、地面、田边、地埂进行全面喷雾，可有效降低害虫越冬虫口基数。

采用药剂进行封园时可选角45%石硫合剂200倍。

③枸杞红瘿蚊、枸杞实蝇的预测预防

于4月上中旬淘土预测土壤中红瘿蚊、实蝇的数量和成活率，监测害虫出土期。根据预测预报结果，抓住红瘿蚊和实蝇出土前的关键期进行防治。

结合灌水对每亩土地施用5%毒・辛颗粒剂2—3 kg。

（2）第二阶段：采果前期压低虫口发生数量（5月）

采果前期有效压低虫口数量，可明显减轻采果期害虫防治压力。对于采果期不能施用化学农药的枸杞出口基地而言，这一阶段的防治尤为重要。

5月上旬可采用复配制剂，以及化学药剂吡虫啉、阿维菌素，5月中下旬的采用复配制剂，以及生物药剂印楝素、除虫菊素，以降低枸杞木虱、瘿螨、蚜虫、蓟马等害虫的虫口数量。

（3）第三阶段：采果期生物药剂与天敌协调控制（6—8月）

6月中旬果熟期，通过保护天敌的自然控制作用、优势天敌多异瓢虫的人工释放技术及纯生物药剂的选用来防治枸杞蚜虫；6月下旬采用筛选出的印楝素、除虫菊素等纯生物药剂和自主研发的SJ植物源药剂防治蓟马；7月上旬采用生物药剂防治瘿螨。

（4）第四阶段：秋果生物农药控制阶段（9—10月）

9月上中旬采用生物农药防治蚜虫、瘿螨。采用枯草芽孢杆菌、多抗霉素、石硫合剂等药剂防治枸杞炭疽病。

（5）第五阶段：秋园封闭控制越冬基数阶段（11月）

①土壤处理

结合灌水施5%毒・辛颗粒剂，每亩施用2—3 kg，控制红瘿蚊、实蝇及土壤中害虫的越冬虫口基数。

②物理防治

防治蚜虫、木虱等害虫：黄板诱杀。防治蓟马等害虫：蓝板诱杀。悬挂高度：诱虫板下沿与植株生长点齐平，并随着植株的生长相应调整悬挂高度。放置密度：根据田间虫口数量，每亩悬挂规格为25 cm × 30 cm的黄板或蓝板35—45张，或20 cm × 30 cm的黄板或蓝板40—50张。更换时间：当诱虫板因风吹日晒及雨水冲刷而失去黏着力时应及时更换，当害虫布满诱虫板无法再粘住害虫时可更换诱虫板或用钢锯条将虫体刮除后重复使用。

表16　枸杞虫害安全防治历

虫害防控阶段	枸杞生长阶段	防治时期	防治对象				
			木虱	蚜虫	瘿螨	红瘿蚊	蓟马
阶段一	萌动期	上/4	清园、封园：石硫合剂+毒死蜱				
	发芽至展叶期	中下/4	—	—	—	灌水土壤处理（毒辛・颗粒剂）或地膜覆盖	—

续表

<table>
<tr><th rowspan="2">虫害防控阶段</th><th rowspan="2">枸杞生长阶段</th><th rowspan="2">防治时期</th><th colspan="5">防治对象</th></tr>
<tr><th>木虱</th><th>蚜虫</th><th>瘿螨</th><th>红瘿蚊</th><th>蓟马</th></tr>
<tr><td rowspan="3">阶段二</td><td>新枝生长盛期</td><td>上/5</td><td colspan="2">复配制剂、吡虫啉等</td><td>复配制剂、阿维菌素等</td><td>地面封闭（粘虫胶+麦芒）</td><td>—</td></tr>
<tr><td>新枝现蕾及老枝开花</td><td>中/5</td><td colspan="3">复配制剂、生物农药（印楝素、藜芦碱、鱼藤酮、烟碱·苦参碱、除虫菊素等）</td><td>—</td><td>硫磺、乙基多杀菌素、高效氯氰菊酯</td></tr>
<tr><td>新果枝开花及老果枝现幼果</td><td>下/5</td><td colspan="2">复配制剂（小檗碱·吡虫啉）</td><td>复配制剂（小檗碱·阿维菌素）</td><td>—</td><td>斑蝥素、蛇床子素</td></tr>
<tr><td rowspan="3">阶段三</td><td>新果枝幼果期及老果枝果熟期</td><td>上中/6</td><td>小檗碱</td><td>释放天敌/色板诱捕</td><td>小檗碱</td><td>—</td><td>色板诱捕</td></tr>
<tr><td>果熟盛期、采摘期</td><td>下/6～下/7</td><td colspan="3">生物农药（小檗碱、苦参碱）、矿物油</td><td>—</td><td>斑蝥素、蛇床子素、矿物油、乙基多杀菌素</td></tr>
<tr><td>秋梢萌发、生长期</td><td>8月</td><td colspan="3">生物农药（小檗碱、苦参碱）、矿物油</td><td>—</td><td>斑蝥素、蛇床子素</td></tr>
<tr><td>阶段四</td><td>秋果期</td><td>9月～10月</td><td colspan="3">生物农药（印楝素、藜芦碱、鱼藤酮、烟碱·苦参碱、除虫菊素）</td><td>—</td><td>斑蝥素、蛇床子素</td></tr>
<tr><td>阶段五</td><td>越冬前</td><td>11月</td><td colspan="5">封园：石硫合剂+毒死蜱
土壤处理：灌水+毒·辛颗粒剂</td></tr>
</table>

表17　枸杞虫害防治农药安全使用方法

<table>
<tr><th>药剂种类</th><th>通用名</th><th>剂型及含量</th><th>每667 m^2每次制剂施用量或稀释倍数（有效成分浓度）</th><th>使用时期</th><th>每季最多使用次数</th><th>安全间隔期（天）</th><th>防治对象</th></tr>
<tr><td>矿物农药</td><td>石硫合剂</td><td>45%晶体</td><td>200 g/250倍</td><td rowspan="2">封园</td><td>1—2</td><td>—</td><td rowspan="2">蚜虫
木虱
瘿螨</td></tr>
<tr><td rowspan="3">化学农药</td><td>毒死蜱</td><td>48%乳油</td><td>66.6 mL/800倍</td><td>1</td><td>7</td></tr>
<tr><td>辛硫磷</td><td>5%颗粒剂</td><td>150 g</td><td rowspan="2">成虫出土前</td><td>2</td><td>7</td><td rowspan="2">红瘿蚊
实蝇</td></tr>
<tr><td>毒·辛颗粒剂</td><td>5%颗粒剂</td><td>150 g</td><td>2</td><td>7</td></tr>
</table>

续表

药剂种类	通用名	剂型及含量	每667 m^2每次制剂施用量或稀释倍数（有效成分浓度）	使用时期	每季最多使用次数	安全间隔期（天）	防治对象
化学农药	吡虫啉	2.5%可湿性粉剂	0.93 mL/2000倍	采果前期	2	7	蚜虫 木虱 负泥虫
	啶虫脒	3%乳油	1.11 mL/3000倍		1	7	
	吡蚜酮	25%可湿性粉剂	13.88 mL/2000倍		1	7	
	抗蚜威	50%可湿性粉剂	18.5 mL/3000倍		1	7	
	捉虫朗	15%乳油	5.55 mL/3000倍		1	7	
	哒螨酮	20%可湿性粉剂	22.2 mL/1000倍		1	7	瘿螨
	高效氯氰菊酯	4.5%乳油	2 mL/2500倍		1	7	蓟马
复配制剂	小檗碱·吡虫啉	水剂	3.18 mL/2000倍	采果前期	2	4	蚜虫 木虱 负泥虫
	小檗碱·阿维菌素	水剂	0.52 mL/3000倍		2	4	瘿螨
生物农药	阿维菌素	1.8%乳油	0.67 mL/3000倍	采果前期	2	7	瘿螨
	藜芦碱	0.2%可溶性液剂	0.28 mL/800倍		2	—	蚜虫 负泥虫 瘿螨
	印楝素	0.5%乳油	0.28 mL/2000倍		2	—	
	鱼藤酮	1%乳油	1.85 mL/600倍		2	—	
	冬青·松节油	50%乳油	69.38 mL/800倍		2	—	
	烟碱·苦参碱	1.2%乳油	1.33 mL/1000倍		2	—	
	除虫菊素	5%乳油	2.78 mL/2000倍		2		
	乙基多杀菌素	6%悬浮剂	2.22 mL/3000倍 1.67 mL/4000倍	采果前期及采果期	2	4	蓟马
	斑蝥素	0.01%水剂	0.02 mL/800倍		2	—	蓟马 蚜虫 瘿螨
	蛇床子素	0.4%乳油	0.22 mL/2000倍		2	—	

续表

药剂种类	通用名	剂型及含量	每667 m²每次制剂施用量或稀释倍数（有效成分浓度）	使用时期	每季最多使用次数	安全间隔期（天）	防治对象
生物农药	苦参碱	0.6%可溶性液剂	0.67 mL/1000倍	采果期	2	—	蚜虫 瘿螨 蓟马 木虱
	小檗碱	0.2%可溶性液剂	0.22 mL/1000倍		2	—	
矿物农药	矿物油	99%绿颖乳油	439.56 mL/250倍	采果期	4	—	蚜虫 瘿螨 蓟马 木虱
	硫磺	50%悬浮剂	185 mL/300倍		1—2	4	瘿螨 蓟马

注：严格执行GB/T 8321.1-2000 、GB/T 8321.2-2000、GB/T 8321.3-2000、GB/T 8321.4-2006、GB/T 8321.5-2006、GB/T 8321.6-2000、GB/T 8321.7-2002、GB/T 8321.8-2007、GB/T 8321.9-2009和NY/T 1276-2007等相关规定。施药时要保证药量准确，喷雾均匀，喷雾器械达到规定的工作压力，尽可能在无风条件下施药；喷药时间为每日10：00以前和17：00以后；采果期间在采果后当日或次日进行施药。如施药后12 h内降雨应补喷。如蓟马发生严重，本标准中推荐药剂均可交替使用。药剂使用量是按株行距1 m×3 m，每亩222株枸杞树，每株树500 mL，每亩111 L药液量计算。

第十一章 黑果枸杞病虫害防治技术示范推广

第一节　项目概述

黑果枸杞病虫害监测预报及防治技术示范推广项目为2015—2017年中央财政林业科技推广示范项目，由宁夏回族自治区林业厅科学技术与野生动植物保护处批准实施，项目承担单位为吴忠市林业技术推广服务中心，协作单位为宁夏杞爱原生黑果枸杞股份有限公司和宁夏农林科学院植物保护研究所。项目实施地点位于宁夏吴忠市利通区五里坡黑果枸杞标准化建设示范基地，在宁夏杞爱原生黑果枸杞股份有限公司已种植的2000亩黑果枸杞示范核心区实施病虫害监测预报及防治技术推广应用示范，主要推广应用《DB64/T 850-2013枸杞病害防治技术规程》、《DB64/T 851-2013枸杞虫害防控技术规程》和《DB64/T 852-2013枸杞病虫害监测预报技术规程》三个宁夏地方标准中涉及到的病虫害安全防控技术成果，在项目实施地设置病虫害监测预报点20个，辐射带动吴忠市利通区双吉沟、孙家滩农业科技示范园区和红寺堡区光彩村等地区实施病虫害监测预报及防治技术3000亩。项目实施主要目的是对黑果枸杞病虫害进行安全有效的监测预报和科学防控，建立黑果枸杞病虫害安全防控技术体系，有效提升黑果枸杞品质和生产管理水平，为推进黑果枸杞产业健康持续发展奠定坚实基础。

第二节　项目实施内容

一、病虫害监测预报技术示范

（一）示范地点与规模

在吴忠市利通区五里坡枸杞标准化示范基地建设黑果枸杞病虫害监测预报及防治技术推广应用，在2000亩示范推广核心区建立黑果枸杞病虫害监测点20个，定期发布黑果枸杞病虫害预测预报，对黑果枸杞病虫害进行防控。技术应用推广辐射带动吴忠市利通区双吉沟、孙家滩农业科技示范园区和红寺堡区光彩村等枸杞产区实施病虫害监测预报及防治技术3000亩，测报准确率达到80%以上。

利通区地处银川平原南端，地处宁夏平原中部，黄河中上游，位于东经104° 10′ —107° 39′ 、北纬35° 14′ —39° 23′ ，平均海拔1125 m。利通区属温带半干旱气候区，年平均温度11.2 ℃，年平均降水量195.6 mm。

孙家滩地处宁夏中部干旱带北缘（核心）区域，位于吴忠市区南部的引黄灌溉区和中部干旱带结合地带，总面积540平方公里，属于温带大陆性季风气候。

红寺堡区东西长约80公里，南北宽约40公里，区域面积2767平方公里。海拔1240—1450 m，为山间盆地，属中温带干旱气候区。

（二）关键技术

应用病虫害监测预报技术对黑果枸杞上的蚜虫、木虱、负泥虫、瘿螨、锈螨、红瘿蚊、实蝇和蓟马8种主要害虫和炭疽病、白粉病2种主要病害进行监测，根据各种病虫害发生规律、调查时间和间隔，采用非网格法布设样点，及时准确地在病虫害始发期对样点进行数据采集，建成基于Access平台属性数据库，通过基于3S技术的区域化预测和经验预测，形成中短期内病虫害的发生量和发生程度的预测预报。

二、病害防治技术示范

（一）示范地点与规模

在吴忠市利通区五里坡枸杞标准化示范基地，示范推广枸杞病害防治技术，从黑果枸杞生产全过程和保护生态平衡出发，对各项防治技术进行集成和协调，建立黑果枸杞病害安全防控技术体系，在2000亩黑果枸杞示范推广核心区进行黑果枸杞病害防治。辐射带动吴忠市利通区双吉沟、孙家滩农业科技示范园区和红寺堡区光彩村等地区实施黑果枸杞病害防治3000亩。

（二）关键技术

根据枸杞病虫害防治技术规程充分了解和掌握黑果枸杞的炭疽病、白粉病、流胶病和根腐病等主要病害的病原菌和发病规律。遵循“预防为主、综合防治”的防治原则，以农业防治为基础，协调应用生物防治、物理防治和化学防治等措施对黑果枸杞病害进行安全有效的防治。农业防治主要应用清园封园、品种选择、土壤耕作、及时排灌和整形修剪等防治方法进行防治；药剂防治主要是根据不同的病害确定其防治时期、药剂名称、药剂浓度及用量、施用次数、施药方法和安全间隔期，并进行药剂的合理轮换施用。具体药剂防治见下表：

表18　黑果枸杞病害防治农药安全使用方法

病害种类	防治时期	药剂名称	剂型及含量	每667 ㎡每次制剂施用量或稀释倍数（有效成分浓度）	每季最多使用次数	安全间隔期（天）	防治方法
炭疽病	下/5～上/10阴雨天前1天～2天及雨后24 h内	醚菌酯	50水分散粒剂	18.5 mL/3000倍	2	7	发病初期每隔10天左右防治1次，连续防治2—3次。
		嘧菌酯	25%水剂	5.55 mL/5000倍	2		
		春雷霉素	2%水剂	2.22 mL/1000倍	2		
		申嗪霉素	1%悬浮剂	0.74 mL/1500倍	2		
		多抗霉素	1.5%可湿性粉剂	1.67 mL/1000倍	2		

续表

病害种类	防治时期	药剂名称	剂型及含量	每667 m^2每次制剂施用量或稀释倍数（有效成分浓度）	每季最多使用次数	安全间隔期（天）	防治方法
炭疽病	下/5～上/10阴雨天前1天～2天及雨后24 h内	农抗120	2%水剂	11 mL/200倍	2	7	发病初期每隔10天左右防治1次，连续防治2—3次。
		苯醚甲环唑	10%水分散粒剂	5.55 mL/2000倍	2		
		百菌清	75%可湿性粉剂	104 mL/800倍	2		
		石硫合剂	45%结晶	200 g/250倍	2		
		代森锰锌	80%可湿性粉剂	177.6 mL/500倍	2		
白粉病	7月～9月	三唑酮	15%可湿性粉剂	16.65 mL /1000倍	2	7	
		腈菌唑	12%乳油	5.33mL /2500倍	2		
		己唑醇	25%悬浮剂	3.7mL /7500倍	2		
		丙环唑	25%乳油	13.88 mL /2000倍	2		
		甲基硫菌灵	36%悬浮剂	26.64 mL /1500倍	2		
		硫磺	50%悬浮剂	185 mL/300倍	2		
根腐病	根茎处有轻微脱皮病斑	石硫合剂	45%结晶	200 g/250倍	2	7	灌根，5—10升/株，从5月份开始，每月1次，共2—3次。
		代森锰锌	80%可湿性粉剂	177.6 mL/500倍	2		
		多菌灵	50%悬浮剂	400倍	2		

续表

病害种类	防治时期	药剂名称	剂型及含量	每667 m^{2}每次制剂施用量或稀释倍数（有效成分浓度）	每季最多使用次数	安全间隔期（天）	防治方法
流胶病	枝、干皮层破裂	石硫合剂	45%结晶	200 g/250倍	3	7	将胶液刮净，用药剂涂抹伤口，7天1次，涂抹3—5次。
		多菌灵	50%悬浮剂	277.5 mL/200倍	3		
		甲基托布津	50%悬浮剂	277.5 mL/200倍	3		
		百菌清	75%可湿性粉剂	166.5 mL/500倍	2		

三、虫害防治技术示范

（一）示范地点与规模

在吴忠市利通区五里坡枸杞标准化示范基地，示范推广枸杞虫害防控技术，建立黑果枸杞虫害安全防控技术体系，在2000亩黑果枸杞示范推广核心区进行黑果枸杞虫害防治。辐射带动吴忠市利通区双吉沟、孙家滩农业科技示范园区和红寺堡区光彩村等地区实施黑果枸杞虫害防治3000亩。

实施过程中减少用药次数，减少化学农药使用量，提高农药有效利用率。达到安全、有效、经济和环保的防治目的，极大地节约了防治成本。

（二）关键技术

根据枸杞病虫害防治技术规程充分了解和掌握黑果枸杞上的蚜虫、木虱、负泥虫、瘿螨、锈螨、红瘿蚊、实蝇和蓟马等8种主要害虫的发生规律和防治指标，遵循“预防为主、综合防治”的防治原则，综合应用农业防治、物理防治等的方法，达到防治目的。在2000亩黑果枸杞核心区分别对早春清园封园、采果前期防治等五个阶段进行有针对性的虫害防治。具体措施如下：

1. 早春清园封园（3月下旬—4月上旬）

早春清园封园彻底清园：在黑果枸杞基地的黑果枸杞树体休眠期开展修剪工作，将修剪后的枝条及震落下来的残留病虫果，以及园中、田边的杂草、落叶、黑果枸杞根蘖苗全部清除干净，带至园外集中烧毁，达到彻底清园的目的。

全面封园：对枸杞园树体、地面、田边、地埂使用药剂进行全面封园。采用相应药剂配比喷施进行封园工作。

2. 采果前期防治（5月）

结合农业防治、化学防治、生物防治和复配制剂药剂等防治方法，针对该时期黑果枸杞上多发的蚜虫、木虱、瘿螨和蓟马等虫害进行防治。农业防治具体措施：5月灌头水后，将黑果枸杞地浅翻1次，生长季节每5—7天进行1次修剪工作，剪除植株根茎、主干、膛内、冠层萌发的徒长枝，以及被蚜虫、木虱等害虫为害较重的强壮枝；其他防治则根据具体的虫害防治农药安全使用方法进行防治。

3. 采果期防治（6月—8月）

结合农业防治、药剂防治和物理等防治方法，针对黑果枸杞采果期多发的蚜虫、木虱、瘿螨和蓟马等虫害进行防治。

农业防治：每5—7天进行1次修剪工作，沿树冠自下而上、由内向外，剪除植株根茎、主干、膛内、冠层萌发的徒长枝和病虫为害严重的强壮枝和果枝。灌水后及时中耕除草，8月下旬翻土深度15—20 cm，做好枸杞园的养护和管理工作。

药剂防治：根据具体虫害防治农药安全使用方法进行防治。

物理防治：采用诱虫板进行诱杀，黄板主要诱杀蚜虫和木虱等害虫，蓝板主要诱杀蓟马等害虫。根据田间虫口数量，每亩悬挂规格为25 cm × 30 cm的黄板或蓝板40张，诱虫板下沿与植株生长点齐平，并随着植株的生长相应调整悬挂高度；当诱虫板因风吹日晒及雨水冲刷而失去黏着力时应及时更换，以达到防治效果。

4. 秋果期防治（9月—10月）

秋果期主要应用生物农药防治，根据具体的虫害防治农药安全使用方法对黑果枸杞进行防治。

5. 秋季封园（10月下旬）

越冬前土壤处理：将5%毒・辛颗粒剂拌土撒施，每亩施用2—3 kg，施药后立即灌水。

树体喷雾处理：48%毒死蜱乳油800倍+45%石硫合剂250倍封园。

综合以上两项对黑果枸杞进行越冬虫口基数的控制。

第三节　项目实施进度

项目实施期限3年，即2015年4月至2017年12月。

（一）2015年4月—2015年12月

申报项目、撰写计划以及编写实施方案。在黑果枸杞病虫害监测预报及防止技术示范推广2000亩核心示范区建立病虫害监测预报体系，设置监测预报点20个。建立黑果枸杞产品质量安全控制及农药安全性评价体系，同时购买和储备相关防治所用的材料和药剂。培养植保技术人员20人次，举办病虫害安全防治技术培训班1期，培训农民100人次。做好监测记录及档案管理工作，完成年度总结。

（二）2016年1月—2016年12月

根据计划任务书及实施方案，进一步完善黑果枸杞病虫害监测预报技术体系，完善黑果枸杞产品质量安全控制及农药安全性评价体系。在已种植的2000亩黑果枸杞基地进行病虫害监测预报及防治技术示范推广，并且辐射带动1000亩黑果枸杞病虫害防治。培养植保技术人员20人次，举办病虫害安全防治技术培训班3期，培训农民300人次。做好监测记录及档案管理工作，完成年度总结。

（三）2017年1月—2017年12月

对各项研究内容进行提高，辐射推广2000亩黑果枸杞的病虫害监测预报及防治技术，进一步加强技术培训，培养植保技术人员10人次，举办病虫害安全防治技术培训班1期，培训农民100人次。完成项目总目标，并建立档案，做好项目总结验收准备工作。

第四节　组织与分工

一、项目承担单位基本情况

项目承担单位是吴忠市林业技术推广服务中心，协作单位是宁夏杞爱原生黑果枸杞股份有限公司和宁夏农林科学院植物保护研究所。吴忠市林业技术推广服务中心是隶属于吴忠市园林管理局（吴忠市林业局）管理的财政全额预算正科级事业单位，现有在岗在编人员15人，其中，林业专业技术人员13人（林业工程师以上级别人员7人）。该中心主要承担着全市林业科技推广、林业有害生物防控、陆生野生动物监测、林业种苗管理及国有林场改革等多项业务工作，负责制定全市林业科技宣传规划和年度计划，制定林业发展规划，开展辖区科技推广服务、森防检疫、林业技术试验示范及推广、林木育种及经济林新品种的引进和驯化工作，监督指导各县（市、区）开展林业科技推广、林业有害生物预测预报、植物检疫防控等各项工作。近年来，中心先后直接承担完成了吴忠市林业有害生物防控体系基础设施建设项目、吴忠市苹果丰产技术推广项目、吴忠市苹果矮化密植栽植技术应用、林业科技推广站建设项目、吴忠市苹果中间砧嫁接矮培育技术示范等林业科技推广示范项目10多项，在林业科技推广和示范应用领域具有丰富的实践经验和较强的科技实力。

二、项目承担单位、协作单位职责分工

吴忠市林业技术推广服务中心：主要负责统筹安排项目的实施、资金的分配与划拨、产业化示范、技术辐射、技术培训组织及协调工作。

宁夏杞爱原生黑果枸杞股份有限公司：主要负责黑果枸杞标准化建设示范基地的建设和黑果枸杞病虫害监测预报及防治技术应用示范核心区技术的全面实施。

宁夏农林科学院植物保护研究所：主要负责具体技术方案的制定、全程技术实施的监督、基地建设的技术指导、技术培训及枸杞害虫安全防控技术规程的制定。

项目充分发挥科研单位的技术优势、龙头企业的资金优势和土地优势，以及农户的劳动力优势，预期形成项目拉动、政策扶持、企业带动、科技支撑及产业巩固的产业化运行机制。

三、项目组织管理

2015年9月，项目承担单位吴忠市林业技术推广服务中心组织项目协作单位宁夏杞爱原生黑果枸杞股份有限公司和宁夏农林科学院植物保护研究所召开项目实施协调会，根据合同规定的任务、示范地区和实施计划，全面安排部署项目实施任务。

本项目在实施过程中，吴忠市林业技术推广服务中心严格按照合同规定的任务、技术和示范地区实施，坚持做到组织严密、责任明确、分工具体。项目由宁夏回族自治区林业厅科学技术与野生动植物保护处和吴忠市园林管理局监督管理，由项目承担单位在项目实施管理方面，采取任务、目标管理，由项目协作单位宁夏杞爱原生黑果枸杞股份有限公司具体组织实施，宁夏农林科学院植物保护研究所负责项目指导、监督，确保各项技术推广任务全面落实。在项目执行过程中，项目承担单位始终接受项目主管部门的监督和检查，按时提交项目年度实施方案、阶段总结和年度总结，做到发现问题及时解决，为项目顺利实施、开展奠定坚实基础。

第五节　项目预期指标和效益

一、总体目标

本项目采用政府产业主管部门、龙头企业和科研院所等多部门联动机制，充分发挥政府产业主管部门的政策优势，龙头企业的资金、土地优势和科研单位的技术优势，因地制宜确定切实可行的项目实施方案，根据黑果枸杞害虫系统监测实际，推进安全防控技术示范和基地建设，不断完善技术体系，实施黑果枸杞病虫害安全防控技术规程中的各项内容；通过科技示范基地技术推广的引领带动、技术宣传培训等措施，建成黑果枸杞害虫害监测防控核心示范区2000亩，辐射带动区3000亩，培训技术人员50人次，培训农民500人次，促进黑果枸杞基地安全生产水平的提高，技术到位率达到90%以上。

二、生态效益

本项目技术示范推广可极大地维持黑果枸杞区域生态系统的相对稳定和生物多样性，维护生态平衡，减少农药对种植地区土壤、水体、空气等环境的污染，提高黑果枸杞产品质量，保证黑果枸杞产业健康、稳定、持续发展，促进该区域生态和环境的恢复和重建。此外，黑果枸杞是重要的固沙植物，抗旱、耐盐碱。在宁夏干旱带大面积种植黑果枸杞可以有效提高植被覆盖度，防止土地沙化，改良土壤，极大地改善当地的生态和人居环境。

三、经济效益

本项目核心示范推广区面积2000亩，辐射应用区3000亩。其中，黑果枸杞病虫害安全防控技术示范推广核心区投入400元/亩（包括物理防治材料费、农业防治人工费和生物防治药剂费），较常规防治500元/亩，可节约100元/亩，2000亩核心区即可防治节约成本20万元；特别是通过本项目的实施，2000亩核心区所生产的枸杞能够达到出口标准。按照黑果枸杞干果产量5—10千克/亩计算，产量最低可以达到10 000千克，黑果枸杞干果按均价1500—1800元/千克计算，即可实现年利润超过15 000万元，具有较大的经济效益，对推动产业及地方经济发展具有重大意义。

四、社会效益

本项目以促进产业可持续发展和生态保护为目标开展技术示范和推广，紧密结合黑果枸杞产业发展需求，解决产业发展中关键性的技术问题，通过共性技术的建立可推广应用到全国其他种植区，将有力地推动地方经济发展。通过项目的实施，可促进“科研+企业+农户”的农业产业化发展模式的形成，建立科技信息服务体系，大力宣传和创新科研成果，提高黑果枸杞产业的科技含量，保障了产品质量安全，提质增效，对推动产业持续发展具有重大意义。同时，黑果枸杞种植属劳动密集型产业，随着黑果枸杞产业的深入发展，将大大缓解农村剩余劳动力就业压力，使黑果枸杞产业真正成为带领群众脱贫致富，带动农村经济全面发展的“富民产业”“主导产业”。

综合分析，在宁夏规模化种植黑果枸杞并且对其进行高效的病虫害统防统治，既可以起到发展生态林业，改善生态环境，取得显著的生态效益，又可以取得良好的经济效益和社会效益，取得多赢的效果。

第十二章　西北地区黑果枸杞抗逆性分析

随着全球环境的不断恶化，土壤盐碱化已成为全球性的环境问题，日益威胁着人类赖以生存的土地资源。据联合国教科文组织（UNESCO）和粮食及农业组织（FAO）不完全统计，世界盐渍土地面积约9.5亿 hm^2，占世界陆地面积的7.6%。我国盐渍土地面积大、分布范围广，类型多，而野生黑果枸杞广泛分布于我国新疆、青海、宁夏、西藏、甘肃、陕北等地，具有极强的耐盐碱能力，广泛栽培可以改善环境。

第一节　抗逆性分析

一、抗盐碱性

1. 中性盐胁迫对黑果枸杞种子萌发的影响

通常低浓度的中性盐对种子萌发无显著影响，高浓度的中性盐则抑制种子萌发，且随着盐浓度的升高，抑制作用增强，当盐浓度过高时种子不能萌发。不同中性盐均能抑制种子萌发，但抑制程度不同，如用9 g/L的NaCl溶液处理黑果枸杞种子，种子不能萌发；用18 g/L的$MgSO_4$溶液处理，发芽率为18%；用18 g/L土壤溶液处理，发芽率达59%，说明此三者对黑果枸杞种子的胁迫效应从大到小为NaCl＞$MgSO_4$＞土壤溶液。由于不同的盐毒害机理不同，以及同一种盐的浓度不同，中性盐对植物的危害程度不同。有研究表明，以NaCl模拟单一盐分胁迫，其浓度达0.3%—0.4%时黑果枸杞发芽率最高，而高于0.4%时发芽率下降。

2. 碱性盐胁迫对黑果枸杞种子萌发的影响

碱性盐胁迫对种子萌发的影响与中性盐类似，低浓度对种子萌发影响不大，高浓度则抑制萌发，且与浓度呈正相关，但碱性盐的抑制作用比中性盐更强烈。有研究表明，低浓度碱性盐（Na_2CO_3）比中性盐（NaCl）更能促进黑果枸杞种子萌发，当盐胁迫解除后种子发芽率较高，说明黑果枸杞更适宜在碱性盐土壤上生长。

3. 盐分胁迫对黑果枸杞幼苗特性的影响

有研究表明，盐分胁迫使黑果枸杞叶片中脯氨酸含量急剧上升，是其适应逆境环境的一种有效方式；同时，黑果枸杞幼苗对外源甜菜碱的生理响应使黑果枸杞叶片中脯氨酸、有机酸、可溶性糖等含量增加，进而维持细胞较高的渗透压，使其表现出一定的抗盐性。有研究发现，黑果枸杞叶片在土壤全盐含量分别为0.4%和0.1%的2种天然土壤环境中，显现出旱生植物以及盐生植物形态结构的典型特征。

二、抗干旱

1. 干旱胁迫对黑果枸杞生长的影响

研究表明，在干旱地区，黑果枸杞的生长发育时刻受到干旱胁迫的影响。为保证正常生长，黑果枸杞通过调整各部位的生长，实现其对生存资源的最大利用。通过用烘干法测得其根、茎、叶干重，计算基茎生长量、株高生长量、叶重比、根冠比等参数，发现随着干旱胁迫程度的加深，黑果枸杞幼苗根冠比、叶重比、根重比无明显差异，但其基茎生长量、株高生长量先增后减，说明黑果枸杞幼苗在干旱胁迫下生长减慢，为了适应干旱环境，其调整各部位的生长量，以提高自身的生存能力。

2. 干旱胁迫对黑果枸杞光合作用的影响

当土壤水分含量较低时，黑果枸杞只能利用根系从土壤中获得少量的水分。为了防止水分流失，其通过减小叶片或关闭气孔，减少二氧化碳的摄取和水分的蒸发，从而使光合作用降低。研究表明，黑果枸杞作为耐旱植物，当土壤水分含量为5%时，其叶片蒸腾速率、气孔导度、细胞间二氧化碳浓度、水分利用率等均呈下降趋势，说明5%土壤含水量即为黑果枸杞生理代谢的胁迫点。通过研究干旱胁迫下黑果枸杞叶片光合色素、光合特性、叶绿素荧光特性的变化发现，当干旱胁迫发生时，黑果枸杞幼苗叶绿素及类胡萝素含量呈下降趋势，且随着胁迫程度的加深，叶绿素及类胡萝素含量显著降低，这主要是由于干旱胁迫抑制叶绿素合成，并加速其分解，导致叶绿素含量直线下降，而干旱胁迫下类胡萝卜素的降低则是为了清除叶绿体中的活性氧，防止膜脂过氧化。

3. 干旱胁迫对黑果枸杞保护酶系统的影响

超氧化物歧化酶（SOD）、过氧化氢酶（CAT）和过氧化物酶（POD）是植物体内清除活性氧的3种重要酶，是植物细胞抵抗活性氧伤害的酶保护系统，在保护细胞膜正常代谢、控制膜脂过氧化、清除超氧自由基等方面起重要作用。研究表明，在干旱胁迫初期，黑果枸杞幼苗叶内SOD活性逐渐升高，但后期由于长期胁迫，SOD仍能与超氧阴离子反应，活性逐渐降低，幼苗受到伤害；POD和CAT活性呈先增加后降低的趋势，且随着干旱胁迫程度越高、时间越长，二者活性就越低，这是因为黑果枸杞幼苗忍受的活性氧水平存在阈值，在阈值之内幼苗通过提高保护酶活性，有效清除过氧化物，减轻伤害，而一旦超过阈值，幼苗的保护酶活性就会下降，当其体内活性氧的积累超过自身清除能力，幼苗就会受到损害；从SOD、POD和CAT活性变化的不一致性可看出，黑果枸杞幼苗有较强的诱导合成抗氧化酶的能力，并可通过各种酶的协同作用，提高自身的抗旱能力，但长期重度胁迫仍会使其受到伤害。

第二节　逆性条件下育苗和栽培

一、育苗

育苗植物在盐碱胁迫下的种子萌发和幼苗生长是植物生活史中的2个关键阶段，同时也是对盐碱胁迫较为敏感的时期，因此常将植物种子萌发期的耐盐性作为该品种的耐盐性。由于不同的盐毒害机理不同，以及同一种盐的浓度不同，盐碱胁迫对植物的危害程度不同。

评价种子发芽情况的常用指标有发芽指数、活力指数、发芽率、发芽势等。种子发芽势是指发芽初期，在一定时间内能够正常发芽的种子数与种子总数之比，它能很好地体现种子的发芽速度和整齐度，也能在一定程度上反映种子在逆境胁迫中的抵抗能力。因此在对黑果枸杞进行育苗培养时，须将其种子用清水浸泡5—10 h，并播种在一个适宜的盐碱浓度培养基中。据研究，适宜于黑果枸杞种子萌发的碱性盐和中性盐的浓度临界值和极限值分别为2.5 mmol/L、100 mmol/L和50 mmol/L、300 mmol/L，应按此浓度进行培育以获得更高的种子发芽势。

二、栽培

在干旱胁迫下，栽培生长量的变化是干旱胁迫下植物的综合反应，可作为评估植物抗旱能力的标准。干旱胁迫下，植物体内水分亏缺，影响植物的正常生长和发育。轻度干旱胁迫下黑果枸杞仍可生长，生物量有一定的增加；随着干旱胁迫的加剧，黑果枸杞幼苗通过调整生物量的分配和不同器官的生长来应对外部环境的变化。研究表明，黑果枸杞属于较耐旱树种，土壤含水量达到5%时到达其正常生理代谢的胁迫点；在培育过程中，当土壤含水量控制在17%—19%时，幼苗生长状况达到最佳效果，最适合其进行蒸腾作用、光合作用和对水分的充分利用。因此，在干旱胁迫下对黑果枸杞的栽培应保持一定的含水量，在生长过程中及时对植株进行修剪，避免多余的枝叶吸收水分、浪费营养。

三、发展前景

黑果枸杞作为天然盐生灌木，具有很高的药用价值、良好的经济价值以及巨大的科学研究价值和研发空间。但目前对于黑果枸杞的基础性研究、育种机理研究以及抗逆性研究存在很多不足。由于黑果枸杞野生、刺多、果小且没有优良栽培品种等，其推广和利用受到很大的影响和制约。研究黑果枸杞的生物学特性、培育出抗逆性强及高产的黑果枸杞品种，不仅能对我国西部生态环境起保护性作用，促进我国西部地区经济发展，还能广泛应用其高效的药用价值以服务社会。

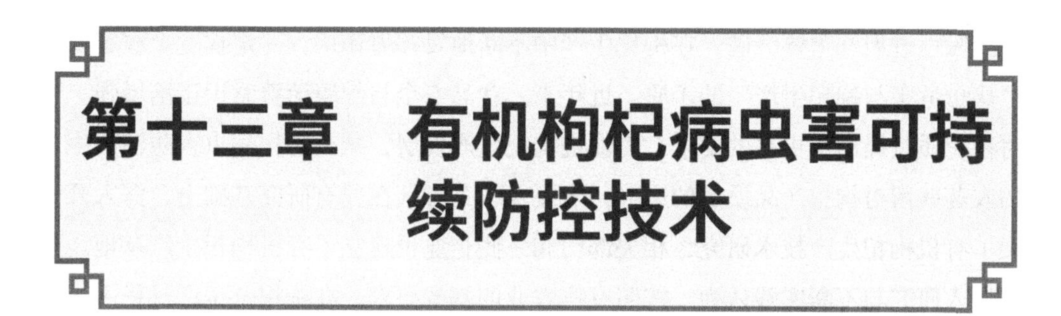

第十三章　有机枸杞病虫害可持续防控技术

枸杞产业是宁夏自治区的战略性主导产业。枸杞病虫种类多、发生广泛、危害严重、防治频繁。宁夏及相关省区曾先后开展了对枸杞主要虫害和一些病害的专题或综合研究，在生物防治、农艺防控、物理防治、生态调控等多方面取得了阶段性进展和重要突破，在枸杞生产中不断地发挥着作用，一定程度上缓解了“病虫危害与枸杞生产”的矛盾。近年来，食品安全与健康消费意识逐渐增强，对枸杞质量提出了更高的要求。为促进枸杞生产发展，减少枸杞病虫害防治产生的农药残留对枸杞产品质量的影响，宁夏及相关省区在原有研究基础上，深入开展了有机枸杞生产技术研究，相关部门和一些企业也建立了有机枸杞生产基地。经深入研究与不断实践认为，按照有机农业的基本要求，在枸杞全生产过程不使用化学农药的情况下，采用综合防控技术，配合植物源、微生物源等药剂防控，既能控制病虫危害，又可避免农药残留，保障枸杞产品的质量安全，可基本满足枸杞生产安全与产品质量安全的双重需求；既注重枸杞病虫害防控的可持续性，又兼顾枸杞产区生态环境保护的可持续性，更强调枸杞生产安全及产品质量安全的可持续性，可有效促进农药残留的“产后治理”向农药防治的“过程控制”转变。

第一节　有机枸杞园田间管理

一、1 月上旬至 3 月上旬

休眠期：越冬蚜卵、木虱成虫、病菌孢子。

防控措施：

（1）护园。保护枸杞园，防止牲畜入园啃食枝条。

（2）敲打。敲打枸杞树体、枝条，震荡枝条上残叶、残果、虫卵、病菌孢子和越冬成虫及灰尘，增强枸杞枝条的呼吸作用及对光热的吸收能力。

（3）冬季修剪。以清基、剪顶、清膛、修围、截底为顺序和方法，完成整形和修剪，以均衡树势，调节枝条生长和结果的关系，改善生长期的通风和透光，抑制病虫害发生。

（4）清理。捡拾修剪下来的弃枝，集中烧毁，并清扫干净。

（5）拆除并集中烧毁上一年秋季枸杞树干上人工捆绑的草环、瓦楞纸等越冬诱集工具以灭杀害虫。

二、3月中、下旬

1. 根系活动期：越冬蚜卵、木虱成虫。

防控措施：使用30%清园剂（45%晶体石硫合剂或熬制23—30波美度石硫合剂5波美度）进行春季清园。

2. 树液流动枝条回软期：木虱及蚜虫等其他越冬虫卵。

防控措施：

（1）清理地面，集中清除枯枝落叶、病虫残枝、杂草，焚烧后还田。

（2）春季清园时使用30%清园剂（45%晶体石硫合剂或熬制23—30波美度石硫合剂5波美度），每隔5—7天1次，连喷2次。

三、4月

1. 4月上旬，芽鳞开裂吐绿期：木虱、蚜虫、锈螨、瘿螨、毛跳甲、红瘿蚊。

防控措施：

（1）田间覆盖麦秸、稻秸以保持水土，抑制杂草萌生。在土壤重金属含量高的秸秆下放养蚯蚓。

（2）喷施印楝素+印楝油+藜芦碱+除虫菊素+苦皮藤素+桉叶素。

2. 4月中旬至下旬，萌芽展叶显蕾期、七寸枝抽梢期：蓟马、蛀果蛾、根粉蚧、血斑龟甲。

防控措施：

（1）抗旱、预防冻害和冻害补救。

（2）防治红瘿蚊，地膜覆盖，4月5日覆膜，5月15日撤膜；田间灌水+地面冲盖黏土。

（3）喷施苦参碱+印楝素+印楝油+碧护+藜芦碱；地表喷洒生物除草剂除草。

四、5月

1. 5月上旬，七寸枝生长老眼枝显蕾期：枸杞龟象、负泥虫、实蝇；枸杞流胶病。

防控措施：

（1）夏季修剪，抹芽，抽条摘心，剪除根部、主干和树冠的徒长枝，疏剪和断截强壮枝。做到小、早、彻底地防治蚜虫和瘿螨。

（2）行内（间）种三叶草、万寿菊（昆仑雪菊）、豌豆、辣椒、大葱、胡麻等，培育生物多样性和生态调控。

（3）喷施印楝素+除虫菊素+藜芦碱+碧护+叶面肥+苦皮藤素+桉叶素+蛇床子素+荧光假单胞杆菌+枯草芽孢杆菌+橘皮精油。

2. 5月中旬，七寸枝显蕾老眼枝开花期：红缘天牛、枸杞干粉蚧；枸杞根腐病、白粉病。

防控措施：

（1）天敌控制，枸杞田间投放人工饲养的捕食性螨类。秸秆覆盖下饲喂蚯蚓，净化活化土壤。

（2）枸杞田间安置太阳能杀虫灯防治鳞翅目、鞘翅目成虫；安置超声波发射器干扰害虫。

（3）促花、促果。

（4）喷施印楝素+印楝油+苦皮藤素+藜芦碱+除虫菊素+苦参碱+多粘芽孢杆菌+苏云金芽孢杆菌；地表喷洒生物除草剂除草。

3. 5月下旬，七寸枝开花老眼枝幼果期：枸杞蛾、红斑芫菁；炭疽病。

防控措施：枸杞树冠泼水、浇水或机械喷雾器喷水。

五、6月

1. 6月上旬，七寸枝花果老眼枝果熟前期：红斑郭公虫、阔胸犀金龟、黑绒金龟、棕色鳃金龟、华北大黑鳃金龟。

防控措施：

（1）继续夏季修剪，抽去树干基部、主干、树冠上部徒长枝，防止养分消耗，抑制蚜、螨繁衍。枸杞树冠泼水、浇水或喷雾器喷水（视情况5—7天1次）。同时采取保花、保果防控。

（2）天敌控制，投放瓢虫卵80—150卡/亩，每隔7—10天投放1次，共2—3次。

（3）于5月下旬至6月上旬田间悬挂蓝色和黄色诱虫板防治枸杞蓟马至越冬期。

（4）喷施藜芦碱+印楝素+印楝油+茴蒿素+碧护+叶面肥+桉叶素+蛇床子素+枯草芽孢杆菌+木霉菌。

2. 6月中旬，七寸枝幼果老眼枝果熟期：枸杞毛跳甲。

防控措施：

（1）田间安置超声波驱鸟器驱鸟。

（2）喷施桉叶素+蛇床子素+除虫菊素+川楝素+百部碱+印楝素+印楝油+苦参碱+苏云金芽孢杆菌+白僵菌+植物激活蛋白。

3. 6月下旬，老眼枝果熟期：枸杞龟甲、枸杞绢蛾、枸杞草蝽。

防控措施：

（1）枸杞采摘晾晒中要防止二次污染（硫磺、工业碱、焦亚硫酸钠、灰尘）。树冠泼水或喷水。对于枸杞实蝇、枸杞红瘿蚊等危害习性特殊的害虫，必要时需通过有效的鲜果采摘进行配合防控。鲜果采摘时，要求及时彻底，一次性将田间的病果、害果、畸形果等采净根除，集中焚烧处理。

（2）天敌控制。投放瓢虫卵80—150卡/亩，每隔7—10天投放1次，共2—3次。

（3）夏季修剪。对树冠上部有蚜虫和瘿螨的徒长枝及时摘心封顶，促发二次枝成花结果。

（4）喷施川楝素+苦参碱+藜芦碱+除虫菊素+印楝素+印楝油+百部碱+蜡蚧轮枝菌。

六、7月上旬至8月上旬

果熟期：枸杞黑盲蝽、云斑金龟子；流胶病、根腐病、白粉病、炭疽病。

防控措施：

（1）树冠泼水、浇水或喷水，采取防控措施增强树势、促进生长。

（2）秋前修剪。夏果采摘结束后，清除树膛内的细、弱、病虫枝及着地枝，刺激促发秋果枝。

（3）喷施除虫菊素+印楝素+苦参碱+藜芦碱+宁南霉素。

七、8月中、下旬

1. 8月中旬，秋梢生长期：枸杞黑盲蝽、云斑金龟子；流胶病、根腐病、白粉病、炭疽病。

防控措施：

（1）树冠泼浇水或喷水。采取防控促进树体生长。

（2）喷施除虫菊素+印楝素+苦参碱+橘皮精油+藜芦碱+百部碱+氨基寡糖素。

2. 8月下旬，秋梢显蕾期：枸杞黑盲蝽；流胶病、根腐病、白粉病、炭疽病。

防控措施：喷施碧护+叶面肥+E M菌剂+印楝素+印楝油+宁南霉素+枯草芽孢杆菌+蛇床子素。

八、9月上、中旬

秋梢幼果期、秋果成熟期：枸杞石蝇、黑盲蝽；流胶病、根腐病、白粉病、炭疽病。

防控措施：观察监测病虫；适时为枸杞树干人工捆绑草环、瓦楞纸等越冬诱集工具，诱杀害虫。

九、9月下旬至10月中、下旬

1. 9月下旬，秋果成熟期：枸杞灰斑病。

防控措施：喷施苦参碱+川楝素+橘皮精油+宁南霉素+枯草芽孢杆菌+蛇床

子素。

2. 10月中旬至下旬，落叶期：各种害虫准备越冬休眠。

防控措施：旨在减少越冬害虫基数，降低翌年春季虫口。喷施30%清园剂（45%晶体石硫合剂或熬制23—30波美度石硫合剂5波美度），每隔5—7天喷1次，连喷2次。

十、11月

休眠期：各种越冬的枸杞害虫与病原菌。

防控措施：旨在减少越冬害虫与病源基数。加强对成龄、幼龄树和苗圃地的冬季管护，特别要防止牲畜入园啃食、踩踏。

第二节　印楝素的效能及其在有机枸杞病虫害防控中的应用

印楝素是从印楝树中提取的一种较完善的植物源生物杀虫剂。有关报道表明，印楝素达到了作为杀虫剂所要求的全部标准：广谱，对天敌干扰少，对脊椎动物没有毒性，在环境中能迅速降解。印楝种子榨油、浸提印楝素后剩下的饼粕是很好的肥料，既能增强土壤肥力，又能保护作物根部免受土壤中的昆虫和线虫的侵害。印楝素具有广谱、拒食、忌避、毒杀、内吸性、协同增效、不产生抗性等多种作用效能和优势。由于枸杞生长期长，而病虫种类多，为害情况复杂，因此，印楝素在枸杞病虫害防控中有极大的应用空间。但应根据枸杞病虫种类、为害特点、防治背景等多种情况，结合印楝素相对应的优势，合理实施防控。

一、对蚜虫、木虱、瘿螨、锈螨等常发性主要害虫的种群防控

0.3%印楝素对茶小绿叶蝉低龄若虫期的防治效果较好；0.3%印楝素乳油对

抗性小菜蛾的防治效果优异；0.3%印楝素乳油防治桃粉蚜效果良好；0.3%印楝素作用于斜纹夜蛾5龄幼虫，能使其24 h内发生的取食活动和取食间间隔的次数减少，平均每次取食活动和取食间间隔持续的时间延长。印楝素对枸杞木虱、枸杞裸蓟马具有较高的杀虫效力。印楝素对害虫有胃毒、触杀、拒食等多种作用方式。蚜虫、木虱、瘿螨等刺吸式口器害虫，多年来一直是为害枸杞的主要害虫，由于繁殖量大，种群增长迅速，防治难度较大，枸杞全年的农药防治主要是围绕这三大类害虫展开的。另外，鳞翅目小蛾类的枸杞害虫危害越来越严重。由于印楝素是目前世界公认的广谱、低毒、易降解、无残留且没有抗药性的杀虫剂，几乎对所有植物害虫具有驱杀效果，并能较好地驱避枸杞木虱产卵。同时，利用印楝素的内吸性、干扰害虫繁育，甚至导致害虫不育的特点，对害虫实施防控具有极大意义。

二、对食量大、危害重的咀嚼式口器害虫的防控

印楝素对害虫有胃毒、触杀、拒食等多种作用方式。印楝杀虫剂对蝗虫具有良好的防治效果；印楝素可以作为田间防治枸杞毛跳甲的生物药剂；0.3%印楝素乳油杀虫剂对黄曲条跳甲防治效果好，且有较长持效期。印楝素可以影响昆虫取食，使昆虫消化不良，也可造成昆虫厌食反应；可以通过直接或间接破坏害虫口器的化学感应器官产生拒食作用；还可通过对中肠消化酶的作用使得食物的营养转换不足，影响害虫的生命力，在叶甲、负泥虫、金龟子、芫菁等食量大、危害重的咀嚼式口器害虫的防控中能发挥明显作用。

三、对实蝇、红瘿蚊、蛀果蛾等蛀果类害虫的防控

印楝素能够通过内吸作用进入植物体内，进而抑制蚜虫的取食活动。高剂量的印楝素可以直接杀死昆虫，低剂量则致使永久性幼虫，或畸形的蛹、成虫等出现。可利用印楝素的内吸性、干扰害虫繁育，甚至导致害虫不育的特点，对枸杞实蝇、红瘿蚊、蛀果蛾等蛀果类害虫实施防控。

四、对危害枸杞的多种害虫的抗性治理

枸杞病虫害种类多、危害重，农药使用频繁，害虫抗性水平较高。尤其枸杞

蓟马、蚜虫、木虱、瘿螨等抗药性害虫似乎越治越多，危害越来越重，用药越来越浓，施药成本越来越高，进而引起害虫一再猖獗，次要害虫变成主要害虫，农药大量残留。

印楝素制剂产品属于印楝素有效成分复合物，具有多种组分。不同于化学农药的单一组分，印楝素制剂产品组分复杂，可多位点攻击害虫，不易使害虫产生抗药性。因此，在多种害虫的抗性治理中会取得较好的应用效果。印楝素作用相对缓慢，施药时间相对要提前一些。印楝根和印楝种皮、种核的提取物可降低南方根结线虫的孵化率和初孵幼虫的致病率。

五、白粉病、炭疽病的防控

印楝素对多种昆虫、真菌、细菌、病毒、寄生线虫都有防治作用，在有害生物的综合治理中具有重要的战略地位。印楝素作为一种萜类物质，对植物的生长有一定的促进作用，同时能使其具有一定的抗病能力。印楝素的使用使得植株的长势更好，增强其抵御病虫害的能力。同时印楝素制剂施用于植物可被根系吸收，输送到茎叶，诱导整株植物产生抗性。

六、印楝素的协同增效作用

印楝素·苦参碱超微乳油防治枸杞木虱的效果明显。印楝素A和印楝素B均对斜纹夜蛾具有较好的拒食作用。植物源农药相比化学农药，具有一定的优越性，在枸杞生产，尤其是有机枸杞生产中得到普遍应用。但是植物源农药具有作用缓慢、持效期短、在自然条件下不稳定等缺点。印楝素作用机制比较复杂，将印楝素与其他具有不同作用机理的植物源或微生物源杀虫杀菌剂混用时，多种活性成分同时作用于害虫的多个靶标，能相互影响、促进，从而达到增效作用。

七、印楝素对枸杞产地天敌昆虫的保护作用

枸杞田间自然天敌种类多，种群结构较复杂，其种群数量由于化学农药的长期使用而锐减。化学农药虽然杀虫彻底，但也同时杀死害虫的天敌，或者使其天敌失去食物来源，从而破坏生物链。田间示范和调查表明，印楝素与多种植物源、微生物源药剂的长期应用后，枸杞田间姬小蜂、寄生蜂、小花蝽、瓢虫、蜘

蛛等多种捕食性、寄生性天敌种群未见明显减少现象，姬小蜂、寄生蜂等一些天敌昆虫的种群数量还有增多迹象。因此，为充分发挥印楝素对植食性害虫的防控作用，最大程度地利用自然天敌昆虫的控制作用，有效地保护田间生物多样性，全面促进枸杞产区农田生态系统的平衡稳定，在印楝素的长期使用中，要注意协调好害虫防控与天敌保护的关系，在天敌昆虫种群数量增长期，应减少施用或降低施用浓度。在印楝素对枸杞田间姬小蜂、寄生蜂、小花蝽、瓢虫、蜘蛛等多种捕食性、寄生性天敌昆虫的选择性方面开展广泛、深入的研究，明确不同天敌昆虫的敏感虫态、安全浓度等关键性参数，从而能够有效地协调好枸杞生产中害虫防控与天敌保护的关系。

第三节　黑果枸杞绿色清洁栽培技术

黑果枸杞属多年生落叶灌木，环境适应性强，抗寒、耐旱、耐盐碱，是我国西北荒漠地区一种特有的野生植物，具有防风固沙、保持水土流失的重要生态作用。黑果枸杞成熟果实富含花青素、枸杞多糖、氨基酸、维生素、矿物质、微量元素等多种营养成分，有补肾益精、养肝明目、补血安神、生津止渴等功效。其干果中的花青素含量最高达到3690 mg/100 g，超过了蓝莓；其含有可清除超氧自由基、抗氧化、抗衰老功能的天然花色苷素，药用、保健价值更是远远高于普通红枸杞。目前，以黑果枸杞为原料生产的系列产品已涵盖饮料、保健食品、药品以及天然色素等领域，但随着市场需求量的持续上升，黑果枸杞野生居群的规模以及分布区域却在迅速减小，市场供应量十分有限，因此，开展黑果枸杞人工驯化栽培、苗木繁育和优质高产的栽培技术研究具有重要的现实意义。

随着对食物品质乃至整个生活和环境质量要求的不断提高，绿色与无公害食品已成为人们追求的重要目标。清洁生产是指对农业生产实现从“农田到餐桌”全过程的控制，避免或减少污染，同时生产出符合卫生标准的食品，以达到环境安全和食品安全的目的。清洁生产是现代农业生产过程中一种新的生产方式，通过对生产过程、产品质量及环境的调控，提高生态效应，降低影响人类健康和环境污染的风险。发展有机农业、提倡绿色种植和清洁生产是今后枸杞产业发展的新趋势。我们从品种选育、园地选择与规划、科学管理等方面探讨了黑果枸杞清洁生产栽培与管理技术，以期为黑果枸杞绿色有机种植与清洁生产提供参考。

一、苗木繁育与品种需求

黑果枸杞是常异花授粉植物，野生品种经过栽培驯化以及自然遗传变异，形成了许多栽培品种，其中不结果、产量低、果实小的类型占了很大比例，需要经过人工选择进行优胜劣汰，保留选育优良的品种类型。生产中黑果枸杞育苗多选用种子萌发、野生根蘖苗、扦插、组织培养、嫁接等方法，可在春秋两季进行。黑果枸杞是耐旱性植物，在根蘖苗、嫩枝扦插和组培苗移栽过程中容易因浇水过多造成水涝而出现暂时性“假死”现象，使缓苗期过长，不利于苗木快速繁育。嫁接是近年来黑果枸杞生产中较常用的育苗手段，以种子萌发的实生苗为砧木，选用优良接穗进行嫁接，接穗生长发育快，同时，由于砧木树势旺盛，可带来果实大、结果多、丰产性好等益处。果柄长、果皮较厚、棘刺少的品种更符合种植要求。要加快推进丰产、高抗、大果型良种及新优品种的选育工作，尽快建立优良种苗繁育基地，实现种苗生产良种化、规模化，满足种植基地建设的用苗需求。大力推广新优品种，逐步改变种植品种混乱的局面，可从根本上支撑枸杞产业可持续发展。

二、园地选择

黑果枸杞原产于自然条件严峻的西北荒漠地带，耐旱、耐盐碱，喜强光照。黑果枸杞种植基地应选择地势平坦、有灌溉条件、土层深厚、排水良好、光照充足、交通便利的沙壤土地块，若能集中连成一片，可实现规模化发展。为了在较短年限内使黑果枸杞取得效益并长期实现优质稳产，园地规划要符合商品化、产业化、长效化的发展要求。要选择抗病性和丰产性好的品种，综合考虑耕作、采摘的便利性以及种植园常规管理工作的机械化等，以达到高效、规模化生产的目标。

三、肥水管理

黑果枸杞的肥水管理要根据树龄的大小、栽植密度、土壤肥水状况以及不同生育期肥水需求规律等进行，科学合理的施肥灌溉措施可以达到培肥地力、提高果实产量和品质的效果。通常，基肥以牛羊粪、秸秆腐熟肥等农家肥为主，同时配施氮磷复合肥，在冬灌前施入。幼龄树可在树冠外缘的行、株间及两边各挖1条深25 cm左右的长方形或月牙形沟槽用以施肥，成年树在树冠外缘50 cm深的环状沟施肥。黑果枸杞既喜水，又怕水，水涝会造成树体徒长或根部腐烂，因此要勤灌水、适度灌水，保持土壤湿润即可，不可大水漫灌。一般在4月下旬灌头水，10—15天后灌二水，之后每隔30天灌水1次，全年灌水5次左右。极其干旱的生长环境推行水肥一体化等清洁生产技术的集成应用，可以起到节水节肥的效果。

四、整形修剪

整形修剪是重要的栽培管理技术措施，根据苗木的生长结果习性、立地条件和栽培管理水平等方面的特点，科学合理地调节树体的风光条件和营养分配。黑枸杞的修剪以整形为基础，通过剪、截、留、疏等具体方法培养植株树体结构，使其通风透光良好，结果枝条均匀分布，并能维持树冠大而圆满的丰产树形，调节生长与结果的关系，达到持续高产稳产的目的。整形修剪使树体具有牢固的树冠骨架和合理的冠层结构，为以后的生长结果、耕作管理和丰产打基础。黑果枸杞3年挂果，5年进入盛果期，整形必须在定植后的前3年完成，在每年夏、秋季适时修剪，逐年整形养护。定植当年在植株高度30—40 cm处留5—6个发育良好的主枝，其余枝条全部剪除，此为第1层，然后往上每30—40 cm留1层，每层留4—5个主枝条，最终将整个树形修剪成3—4层的伞状，往后每年在此基础上对其进行适当的修剪整形。经过这样的修剪整形，每株黑枸杞可有几十条结果的骨干枝条，可相对保持产量。通过整型修剪去除病虫枝、弱枝等，保证稳产，培养大果型枸杞，提高果实品级，增加种植经济效益。

五、病虫害防控

野生黑果枸杞抗虫害能力较强，常见的枸杞病虫害对其生长危害不大，但大面积种植时，蚜虫、木虱、卷梢蛾等会对其正常生长产生一定的影响。病虫害防治坚持“预防为主、综合防治”的原则，优先采用农业防治、物理防治、生物防治，辅以化学防治。防治药剂尽量使用生物源农药，限量使用低毒低残留农药，如多菌灵、除虫菊酯类；坚持一药防治多种病虫害，在有效控制病虫害的前提下，最大限度地减少农药使用量及残留危害，达到绿色防控的目的。

倡导清洁生产，加强基地科学化管理，清洁病虫害寄生场所，在源头上断绝病虫害蔓延，确保绿色果品质量达标。具体措施是在春季封园，做好树体与地表土壤消毒杀菌；夏、秋季中耕除草，提高生育期树体的防护能力；秋、冬季结合修剪将枯枝、落叶、落果及时清除销毁，并深埋或焚烧，以破坏病虫害寄生的场所。结合科学合理的肥水管理、花果管理、整形修剪等措施，培育健壮的树体，提高其抗病虫能力，并创造出有利于植株生长与结果，不利于病虫发生、为害的生态环境条件。

六、及时采摘收获

适时采摘是确保果实质量和提高商品价值的重要措施之一。一般7—9月采收黑果枸杞果实。当果实变为深紫色、颗粒饱满后即可采摘。若采摘太早，则果粒小、内含物少、产量低、质量差；若采摘太晚，则会有霉果、裂果发生，也会影响果品质量。黑果枸杞果实采摘一般是手工将果子逐一轻轻摘下放置于尼龙袋内，采摘时要小心棘刺刺伤手指。由于果实成熟期持续时间较长，采摘工作不能一次完成，费时费力。如果是需要修剪的枝条，可将果实成熟枝条剪下，在通风处摊开阴干后轻轻敲击抖下果实，筛选去除枝、叶、不成熟果实等杂质。为保证品级不可手捏揉搓。以干净整洁、色黑粒大为佳品，在凉爽通风的地方存放。成熟果实如不及时采摘，不会自行脱落，而在枝头自然风干。黑果枸杞粒小皮薄，不宜进行暴晒，应防止果实因太干燥而破碎，从而影响品质。同时，要避免对果实进行重压或外力挤压，以保证果实的品质和外观都是最佳水准。秋季采收果实时要做到三轻，即轻摘、轻拿、轻放；二净，即树上采净、地上捡净；三不采，即果实成熟度不够不采、早晨有露水不采、喷过农药后不到安全间隔期不采。

附 录

附录一　2020 年禁限用农药名录

《农药管理条例》规定，农药生产应取得农药登记证和生产许可证，农药经营应取得经营许可证，农药使用应按照标签规定的使用范围、安全间隔期用药，不得超范围用药；剧毒、高毒农药不得用于防治卫生害虫，不得用于蔬菜、瓜果、茶叶、菌类、中草药材的生产，不得用于水生植物的病虫害防治。

一、禁止（停止）使用的农药（46 种）

六六六、滴滴涕、毒杀芬、二溴氯丙烷、杀虫脒、二溴乙烷、除草醚、艾氏剂、狄氏剂、汞制剂、砷类、铅类、敌枯双、氟乙酰胺、甘氟、毒鼠强、氟乙酸钠、毒鼠硅、甲胺磷、对硫磷、甲基对硫磷、久效磷、磷胺、苯线磷、地虫硫磷、甲基硫环磷、磷化钙、磷化镁、磷化锌、硫线磷、蝇毒磷、治螟磷、特丁硫磷、氯磺隆、胺苯磺隆、甲磺隆、福美胂、福美甲胂、三氯杀螨醇、林丹、硫丹、溴甲烷、氟虫胺、杀扑磷、百草枯、2，4–滴丁酯 。

注：氟虫胺自2020年1月1日起禁止使用。百草枯可溶胶剂自2020年9月26日起禁止使用。2，4–滴丁酯自2023年1月29日起禁止使用。溴甲烷可用于“检疫熏蒸处理”。杀扑磷已无制剂登记。

二、在部分范围禁止使用的农药（20 种）

表20 在部分范围内禁止使用的农药

通用名	禁止使用范围
甲拌磷、甲基异柳磷、克百威、水胺硫磷、氧乐果、灭多威、涕灭威、灭线磷	禁止在蔬菜、瓜果、茶叶、菌类、中草药材上使用，禁止用于防治卫生害虫，禁止用于水生植物的病虫害防治
甲拌磷、甲基异柳磷、克百威	禁止在甘蔗作物上使用
内吸磷、硫环磷、氯唑磷	禁止在蔬菜、瓜果、茶叶、中草药材上使用
乙酰甲胺磷、丁硫克百威、乐果	禁止在蔬菜、瓜果、茶叶、菌类和中草药材上使用
毒死蜱、三唑磷	禁止在蔬菜上使用
丁酰肼（比久）	禁止在花生上使用
氰戊菊酯	禁止在茶叶上使用
氟虫腈	禁止在所有农作物上使用（玉米等部分旱田种子包衣除外）
氟苯虫酰胺	禁止在水稻上使用

附录二　推荐无公害农产品施用农药名录

一、杀虫、杀螨剂

1. 生物制剂和天然物质：苏云金杆菌，甜菜夜蛾核多角体病毒，银纹夜蛾多角体病毒，小菜蛾颗粒病毒，棉铃虫核多角体病毒，苦参碱，印楝素，烟碱，鱼藤酮，苦皮藤素，阿维菌素，多杀霉素，白僵菌，除虫菊素。

2. 合成制剂：

（1）菊酯类：溴氰菊酯，氯氟氰菊酯，氯氰菊酯，联苯菊酯，氰戊菊酯，甲氰菊酯，氯丙菊酯。

（2）氨基甲酸酯类：硫双威，丁硫克百威，抗蚜威，异丙威，速灭威。

（3）有机磷类：辛硫磷，毒死蜱，敌百虫，敌敌畏，马拉硫磷，乙酰甲胺磷，乐果，三唑磷，杀螟硫磷，倍硫磷，丙硫磷，二嗪磷，亚胺硫磷。

（4）昆虫生长调节剂：灭幼脲，氟啶脲，氟铃脲，氟虫脲，除虫脲，噻嗪酮，抑食肼，虫酰肼。

（5）专用杀螨剂：哒螨灵，四螨嗪，唑螨酯，三唑锡，炔螨特，噻螨酮，苯丁锡，单甲脒，双甲脒。

（6）其他：杀虫单，杀虫双，杀螟丹，甲胺基阿维菌素，啶虫脒，吡虫啉，灭蝇胺，氟虫腈，丁醚尿。

二、杀菌剂

1. 无机杀菌剂：碱式硫酸铜，王铜，氢氧化铜，氧化亚铜，石硫合剂。

2. 合成杀菌剂：代森锌，代森锰锌，福美双，乙磷铝，多菌灵，甲基硫菌灵，噻菌灵，百菌清，三唑酮，烯唑醇，戊唑醇，已唑醇，腈菌唑，乙霉威，硫菌灵，腐霉利，异菌脲，双霉威，烯酰吗啉锰锌，霜脲氰锰锌，邻烯内基苯酚，嘧霉胺，氟吗啉，盐酸吗啉胍，恶霉灵，噻菌铜，咪鲜胺，咪鲜胺锰盐，抑霉唑，氨基寡糖素，甲霜灵锰锌，亚胺唑，春王铜，恶唑烷酮锰锌，脂肪酸铜，腈嘧菌脂。

3. 生物制剂：井岗霉素，农抗120，菇类蛋白多糖，春雷霉素，多抗霉素，宁南霉素，木霉素，农用链霉素。

三、常用农药安全间隔期

（一）杀虫剂

1. 安全间隔期5天的农药：扑虱蚜（蚜虱净、吡虫啉）、锐劲特、敌敌畏、氰戊菊酯、氯氰菊酯、灭扫利、辛硫磷。

2. 安全间隔期7天的农药：敌杀死、功夫菊酯、速灭杀丁、敌百虫、宝发一号、抗蚜威、乐斯本、农地乐、多虫净、乐果、百树菊酯、毒死蜱、马扑立克、卡死克、齐螨素（虫螨克、海正灭虫灵、虫螨光）。

3. 安全间隔期11天的农药：蚜青灵、马拉硫磷、扑虱灵、二嗪农。

4. 安全间隔期15天的农药：克螨特、克螨灵。

5. 安全间隔期24天的农药：杀螟松、巴丹、喹硫磷。

6. 安全间隔期30天的农药：双甲脒。

（二）杀菌剂

1. 安全间隔期5天的农药：多菌灵、瑞毒霉、托布津、甲基托布津、杀毒矾、普力克。

2. 安全间隔期7天的农药：百菌清、托尔克、粉锈宁、扑海因、83增抗剂。

3. 安全间隔期15天的农药：代森锌、代森锰锌、敌力脱、速克灵、乙磷铝、万霉灵、克露、大生、雷多米尔、绿乳铜。

附录三　石硫合剂熬制“五步骤”及施用“五忌”

石硫合剂是一种传统而廉价的广谱性杀菌、杀虫、杀螨剂，其主要成分是多硫化钙，具有渗透和侵蚀病菌细胞及害虫体壁的功能，且能在植物体表面形成一层药膜，起保护作用。在植株发病前或发病初期喷施，效果最佳。

一、石硫合剂的熬制“五步骤”

1. 按1∶2∶10的比例，备好待用的石灰、硫磺粉、水、两个水桶、两口大铁锅等。

2. 在一口大锅内倒足水，加热至沸腾，并将预先称好的1份石灰放入锅内搅拌，使其充分溶解。

3. 在另一口大锅内加水，将2份硫磺粉放入搅拌后，将其一次性加入石灰锅，用急火熬制。

4. 边熬制边搅拌，使溶液受热均匀，熬至沸腾后保持50—60 min，锅内溶液呈深棕红色时，停火。

5. 过滤。过滤后溶液呈深棕红色，渣子呈黄绿色。用此法熬制的石硫合剂一般为23—28波美度。

二、施用“五忌”

1. 忌配制后久置不用。熬制好的石硫合剂最好一次性用完，否则会使药效降低。

2. 忌施用时不看果树种类和生育阶段。有的果树对硫磺比较敏感，盲目使用会产生药害。如桃、李、梨等果树不宜使用石硫合剂。此外，果树着色后切不可使用石硫合剂，否则会引起大量落果。

3. 忌浓度过高。石硫合剂在果园的使用浓度要根据气候条件及防治对象来确定，否则容易产生药害。冬季气温低，植物又处于休眠阶段，使用浓度可高些；夏季气温高，使用浓度宜低些。一般在果树休眠期可用3—4波美度的石硫合剂，而在生长阶段则只能用0.3—0.4波美度的石硫合剂。

4. 忌随意混用。石硫合剂为碱性农药，不可与有机磷农药及其他忌碱农药混用，否则，会发生酸碱中和，降低药效。有人认为波尔多液也是碱性农药，于是把它与石硫合剂混合施用。但此法不妥，因为二者混合后能发生化学反应，不但使药效降低，还容易导致药害。此外，也不可把石硫合剂与其他铜制剂农药混用。

5. 忌长期使用。长期使用石硫合剂会使病虫产生抗药性，且使用浓度越高，抗性形成越快。因此，石硫合剂应与其他农药交替使用。

参考文献

［1］汪可馨．黑果枸杞的特性、栽培技术及应用概述［J］．青海农技推广，2015（4）：39-41．

［2］姜霞，任红旭，马占青，等．黑果枸杞耐盐机理的相关研究［J］．北方园艺，2012（10）：19-23．

［3］矫晓丽，迟晓峰，董琦，等．柴达木野生黑果枸杞营养成分分析［J］．氨基酸和生物资源，2011，33（3）：60-62．

［4］刘丽萍，张东智，张冲，等．黑果枸杞抗逆性及栽培育种研究进展［J］．生物技术通报，2016，32（10）：118-127．

［5］姬孝忠．黑果枸杞育苗繁殖技术［J］．中国野生植物资源，2015，34（2）：75-77．

［6］代明龙，王平，孙吉康，等．盐碱胁迫对植物种子萌发的影响及生理生化机制研究进展［J］．北方园艺，2015（10）：176-179．

［7］王桔红，陈文．黑果枸杞种子萌发及幼苗生长对盐胁迫的响应［J］．生态学杂志，2012，31（4）：804-810．

［8］李永洁，李进，徐萍，等．黑果枸杞幼苗对干旱胁迫的生理响应［J］．干旱区研究，2014，31（4）：756-762．

［9］耿生莲．不同土壤水分下黑果枸杞生理特点分析［J］．西北林学院学报，2012，27（1）：6-10．

［10］郭有燕，刘宏军，孔东升，等．干旱胁迫对黑果枸杞幼苗光合特性的影响［J］．西北植物学报，2016，36（1）：124-130．

［11］赵庆展，靳光才，周文杰，等．基于移动GIS的棉田病虫害信息采集系统［J］．农业工程学报，2015，31（4）：183-190．

［12］于合龙，刘杰，马丽，等. 基于Web的设施农业物联网远程智能控制系统的设计与实现［J］. 中国农机化学报，2014，35（2）：240-245.

［13］冯立田. 黑果枸杞栽培技术［J］. 农业知识：瓜果菜，2017，5：17-18.

［14］刘德喜. 西北地区黑果枸杞栽培管理技术［J］. 现代农业科技，2015，14：77-79.

［15］苗永俊. 黑枸杞种子育苗技术［J］. 宁夏农林科技，2016，2：11-12.

［16］王宁. 黄土丘陵沟壑区植被自然更新的种源限制因素研究［D］. 北京：中国科学院研究生院，2013.

［17］陈天云，蒋旭亮，李清善，等. 宁夏枸杞属（茄科）一新种和一新变种［J］. 广西植物，2012，32（1）：5-8.

［18］王红梅，陈玉梁. 黑果枸杞及其绿色清洁栽培技术［J］. 甘肃农业科技，2018（9），84-86.

［19］李锋，刘晓丽. 印楝素的效能及其在有机枸杞病虫害防控中的应用［J］. 宁夏农林科技，2015，56（4）：30-31.

［20］刘晓丽，李锋. 有机枸杞病虫害可持续防控技术方案［J］. 北方园艺，2015（18）：166-167.

［21］戴国礼，秦垦，曹有龙，等. 野生黑果枸杞资源形态类型划分初步研究［J］. 宁夏农林科技，2017，58（12）：21-24，47.

［22］黄俊哲，马宏宇，李永飞，等. 西北地区黑果枸杞抗逆性研究进展［J］. 安徽农业科学，2017，45（15）：132-133，149.

［23］李振林. 神木市黑果枸杞育苗与造林技术要点［J］. 现代园艺，2018（8）：103-104.

［24］张霞，丁学利. 几种常见枸杞病虫害无公害防治对策［J］. 农业与技术，2017（24）：60.

［25］李小文，马菁. 宁夏枸杞病虫害监测与预警系统研究［J］. 植物保护，2018，44（1）：81-86.

［26］陈培民，王建平，钟延平，等. 几种植物源药剂防治枸杞木虱药效试验［J］. 内蒙古农业科技，2013（5）：66-67.

［27］林丽，张裴斯，晋玲，等．黑果枸杞的研究进展［J］．中国药房，2013，24（47）：4493–4497.

［28］汪智军，靳开颜，古丽森．新疆枸杞属植物资源调查及其保育措施［J］．北方园艺，2013（3）：169–171.

［29］梁艳．静乐县黑枸杞栽植及管理技术研究［J］．农业技术与装备，2017（5）：42–43.

［30］詹立平，赵鑫，刘志梅．黑枸杞的研究进展及应用前景展望［J］．辽宁林业科技，2018（1）：61–62，70.

［31］胡相伟，马彦军．黑果枸杞栽培管理7点注意事项［J］．林业科技通讯，2018（4）：51–52.

［32］杨惠．祁连山浅山区野生黑果枸杞引育栽培技术［J］．中国园艺文摘，2018（3）：225–226.

［33］赵文凯．枸杞病虫害防治技术研究［J］．农业科学，2018（10）：60.

［34］杨 惠．祁连山浅山区野生黑果枸杞引育栽培技术［J］．中国园艺文摘，2018（3）：225–226.

［35］祁银燕，郝广婧，陈进，等．青海省野生黑果枸杞种质资源调查［J］．青海农林科技，2018（3）：38–42.

［36］张龙儒．黑果枸杞病虫害防治技术［J］．农业工程技术，2016（9）：32.

［37］东滋滋．我国枸杞的栽培历史［EB/OL］．（2015–08–19）［2020–12–29］.http：//www.huacaoshumu.net/html/yanghua/text319.php.